推进农村人居环境整治研究

——以新疆为例

"推进农村人居环境整治研究"课题组　编著

中国环境出版集团·北京

图书在版编目（CIP）数据

推进农村人居环境整治研究：以新疆为例 / "推进农村人居环境整治研究"课题组编著. -- 北京：中国环境出版集团，2024.5
ISBN 978-7-5111-5870-3

Ⅰ. ①推… Ⅱ. ①推… Ⅲ. ①农村—居住环境—环境综合整治—研究—新疆 Ⅳ. ①X21

中国国家版本馆CIP数据核字(2024)第104615号

出 版 人	武德凯	
责任编辑	宋慧敏	
封面设计	岳　帅	

出版发行	中国环境出版集团	
	（100062　北京市东城区广渠门内大街 16 号）	
	网　　址：http://www.cesp.com.cn	
	电子邮箱：bjgl@cesp.com.cn	
	联系电话：010-67112765（编辑管理部）	
	发行热线：010-67125803，010-67113405（传真）	
印　　刷	玖龙（天津）印刷有限公司	
经　　销	各地新华书店	
版　　次	2024 年 5 月第 1 版	
印　　次	2024 年 5 月第 1 次印刷	
开　　本	787×960　1/16	
印　　张	10.25	
字　　数	126 千字	
定　　价	45.00 元	

纪念援友徐博（1979—2022 年）

"推进农村人居环境整治研究" 课题组成员

宣晓伟	国务院发展研究中心发展战略和区域经济研究部研究员 新疆维吾尔自治区农业农村厅副厅长（援疆）
于立锋	新疆维吾尔自治区党委农村工作办公室城乡协调发展处主任科员
焦顺杰	新疆维吾尔自治区农业农村厅农村合作经济经营管理局主任科员
阿迪来·卡哈尔	新疆维吾尔自治区农业农村厅农村社会事业促进处干部
陈晓福	新疆农业大学硕士研究生

前　言

　　本研究受到国务院发展研究中心 2019 年专项课题和新疆维吾尔自治区 2019 年"三农"课题（2019-SNKT-02）的资助，并得到国务院发展研究中心原副主任张军扩研究员、发展战略和区域经济研究部原部长侯永志研究员，新疆维吾尔自治区党委农村工作办公室常务副主任和农业农村厅副厅长徐涛等同志的指导，以及国务院发展研究中心、新疆维吾尔自治区党委农村工作办公室和农业农村厅众多同志的帮助，他们的亲切关怀和热心支持对完成本研究是不可或缺的。

　　在开展研究的过程中，课题组分赴吐鲁番市、哈密市、阿克苏地区、阿勒泰地区、喀什地区等开展实地调研；到浙江省衢州市常山县进行了相关调研。与此同时，在新疆维吾尔自治区住房城乡建设厅、自然资源厅、卫生健康委、生态环境厅、发展改革委等部门开展关于农村生活垃圾治理、村庄规划编制、农村"厕所革命"、农村生活污水治理、农村人居环境项目投资的专题调研，得到了张少艾（新疆维吾尔自治区住房城乡建设厅）、王舒馨（新疆维吾尔自治区住房城乡建设厅）、周美林（新疆维吾尔自治区卫生健康委）、黄五平（新疆维吾尔自治区卫生健康委）、刘新卫（新疆维吾尔自治区自然资源厅）、袁春（新疆维吾尔自治区自然资源厅）、周可新（新疆维吾尔自治区生态环境厅）、赵士刚（新疆维吾尔自治区生态环境厅）、邱国军（新疆维吾尔自治区发展改革委）、刘同友（新疆维吾尔自治区阿克苏地区农业农村局）、张锐华（新疆维吾尔自治区喀什地区英吉沙县农业农村局）、李巧（浙江省农业农村厅）、戴根林（浙江省衢州市常山县）等同志的帮助，在此表示诚挚的谢意！

2017 年到 2020 年，我作为第九批中央和国家机关援疆干部的一员，在新疆度过了三年令人难忘的时光，其间得到了自治区党委农村工作办公室和农业农村厅领导与同事的关心和支持，尤其感谢自治区党委农村工作领导小组办公室的甘昶春、聂新、王平生、刘稀栋、殷占斌、于立锋、关文军、孙启胜、李秀珍、闫兴斌、曹怡心、李曼灵、袁晓东、刘宏涛、郑少林、鲁东、阿里木江·吐尔地、程媛、王起才、王龙刚、郑雅娟，自治区农业农村厅的哈尔肯·哈布德克里木、方侠、万学英、解翠平、王雪、木尼热、王定元、吴杰增、萨拉麦提·柯尤木、刘咏泽、孙栋、邱焯、胥原、王勇、焦顺杰、杨关勇、汤义武、刘娟、高全等同志的帮助。

"三年援疆路、一生援疆情"，是援疆同志最爱说的一句话。我在援疆期间结识了不少同为援友的好兄弟，他们与我一起度过了那"闪亮的日子"。最令人痛心的是新华社的援友徐博，2022 年因突发疾病而过早地离开了我们。我不禁想起 2017 年 7 月底我们刚到新疆、在昆仑宾馆参加援疆培训的情景，我和他同住一个房间，两人经常绕着宾馆的林荫道散步聊天，畅言长谈，路旁的树木高大挺拔、遮天蔽日，一切历历在目，宛若昨日。

宣晓伟

2023 年 10 月于北京

目　录

第一章

新疆农村人居环境整治工作的进展

"改善农村人居环境"是党中央、国务院从战略和全局高度作出的一项重大决策，是实施乡村振兴战略的重点任务，事关全面建成小康社会，事关广大农民根本福祉，事关农村社会文明和谐。

新疆维吾尔自治区（以下简称"新疆"）认真贯彻党中央、国务院决策部署，全面扎实推进农村人居环境整治，坚持把农村人居环境整治作为实施乡村振兴战略的重要内容，坚持从实际出发，有效改善农村基本生活条件，以农村生活垃圾、"厕所革命"、生活污水治理、村容村貌提升等为重点，积极推进农村人居环境整治工作。

通过农村人居环境整治工作的有效开展，新疆农村存在的"脏乱差"现象得到明显改善，村庄环境基本实现干净、整洁、有序，农民群众环境卫生观念发生可喜变化，为全面建成小康社会提供了有力支撑。与此同时，新疆经济社会发展相对落后，其农村人居环境总体质量水平不高，还存在区域之间不平衡、基本生活设施不完善、管护机制不健全等问题，与农业农村现代化要求和农民群众对美好生活的向往还有相当的差距。

本研究探讨新疆农村人居环境整治工作所取得的进展和成绩，用切实的案例分析新疆农村人居环境整治工作面临的困难和问题，为进一步完善新疆农村人居环境整治工作提出具有针对性和可操作性的政策措施。

一、新疆农村人居环境整治工作的目标任务

2018 年新疆下辖 14 个地级市（自治州、地区）、105 个县（市、区）、854 个乡镇、9 239 个行政村，乡村人口数为 1 244.26 万人，乡村总户数为324.97 万户。按照党中央、国务院的安排部署，新疆维吾尔自治区党委印发《自治区农村人居环境整治三年行动实施方案》，对新疆开展农村人居环境整治工作作出了全面安排部署。随后，新疆启动了"千村示范、万村整治"工程（以下简称"千万工程"），印发了《自治区"千村示范、万村整治"工程 2019—2020 年工作推进方案》，坚持"因地制宜、分类推进，由易到难、由点及面，建管并重、系统治理，高位推动、久久为功"的工作原则，科学确定新疆开展农村人居环境整治工作和"千万工程"的工作方向和路径，部署三类行动推进新疆"千万工程"，以"千万工程"带动引领全疆的农村人居环境整治工作。

在上述三类行动中，第一类是"开展万村整治"，针对新疆所有行政村，重点做好改厕、整治庭院环境、整治居住环境、排污、清垃圾、清淤等院

内院外"六件事"，基本要求做到村容村貌干净整洁。第二类是"抓好千村示范"，在新疆各地州市的不同区域选择 1 000 个行政村开展"千村示范"，主要在村庄基础设施、公共服务、道路硬化、污水垃圾治理等方面提档升级，确保示范村在农村人居环境改善上实现"三个 90%以上"和"两个全覆盖"，即 90%以上的农户有无害化卫生厕所、90%以上的污水实现有效治理、90%以上的村组巷道硬化到户，垃圾实现集中收运处置和村庄环境卫生保洁全覆盖。第三类是"抓好深化提升"，在上述 1 000 个示范村中再选择 100 个基础条件较好、农民收入较高的村庄，努力实现生态宜居目标，建成美丽乡村。

与此同时，新疆对所辖各县（市、区）的推进农村人居环境整治工作进行了分类，确定 5 个一类县（市、区）、7 个二类县（市、区）、82 个三类县（市、区）。要求到 2020 年，一类县（市、区）基本实现农村生活垃圾处置体系全覆盖，完成 90%以上农村户用厕所无害化改造，厕所粪污基本得到处理或资源化利用，农村生活污水治理率明显提高，村容村貌显著提升，管护长效机制初步建立；二类县（市、区）实现 90%左右的村庄生活垃圾得到治理，卫生厕所普及率达到 85%左右，生活污水乱排乱放得到管控，村内道路通行条件明显改善；三类县（市、区）村庄内垃圾不乱堆乱放，卫生厕所普及率逐步提高，力争达到 60%，污水乱泼乱倒现象明显减少，杂物堆放整齐，房前屋后整洁。

二、新疆农村人居环境整治工作的组织管理

根据中央提出的"五级书记抓乡村振兴"的要求，新疆把改善农村人

居环境作为实施乡村振兴战略的重要内容，健全"自治区负总责、县市抓落实"的工作机制，坚持党委统一领导、政府负责、县委书记是"一线总指挥"，建立农村人居环境整治工作领导机构，压实各级党委和政府责任。新疆成立了农村人居环境整治工作领导小组和农村人居环境整治工作推进协调小组，分别由自治区党委副书记和自治区副主席担任组长。在自治区农村人居环境整治工作领导小组中，由另两位自治区副主席和财政厅厅长担任副组长，23个厅局主要领导担任成员，并成立了自治区农村人居环境整治工作领导小组办公室，由该办公室负责推进日常协调工作。新疆各地州市和县（市、区）也都相应成立了各级别的农村人居环境整治工作领导小组，许多地州市还成立了农村"厕所革命"、农村生活垃圾治理等工作专班，强化对农村人居环境整治工作的组织领导，扎实推进村庄清洁行动、农村"厕所革命"、农村生活垃圾和污水治理、村容村貌提升等重点工作。

新疆各级党委农村工作领导小组办公室（以下简称"农办"）、农业农村部门切实发挥牵头抓总、统筹协调作用，发改、财政、住建、生态环境、自然资源、卫健、水利等相关部门加强协调配合，形成了在农村人居环境整治工作上齐抓共管的工作格局。在相关的任务分工上，自治区部署由住房和城乡建设厅牵头抓好农村生活垃圾治理和改善村容村貌两项工作，卫生健康委和农业农村厅牵头抓好推进农村"厕所革命"工作，生态环境厅牵头抓好农村生活污水治理工作，畜牧兽医局牵头抓好农村畜禽粪污、秸秆等资源化利用工作，发展改革委牵头抓好建设和管护机制健全完善工作，自然资源厅牵头抓好村庄规划管理工作，卫生健康委牵头抓好培养健康卫生生活方式等工作。农村人居环境整治工作领导小组各成员单位积极做好工作配合与支持，形成了各部门各司其职、各负其责、协同配合的工作机制。

三、新疆农村人居环境整治工作的落实部署

在确定了农村人居环境整治工作的目标任务并建立了相应的组织机制和机构后，新疆召开了深入学习浙江"千万工程"经验、全面扎实推进农村人居环境整治工作电视电话会议，深入推进"千村示范、万村整治"工程暨开展村庄清洁行动春季战役电视电话会议，以及自治区农村改厕现场观摩推进会议、自治区村庄清洁行动夏季战役电视电话会议和自治区农村人居环境整治现场推进会，强化对农村人居环境整治工作的安排部署。自治区党委农村工作领导小组、农村人居环境整治工作领导小组及时传达学习国家农村人居环境整治现场会和电视电话会议精神，并结合新疆的实际情况统筹落实各项工作。

根据国家的要求，并结合自治区农村人居环境整治工作的现实需要，新疆陆续印发了《自治区农村人居环境整治 2019 年工作要点》《关于推进农村"厕所革命"专项行动的实施意见》《农村人居环境整治村庄清洁行动实施方案》《关于进一步做好农村生活垃圾治理工作的通知》《关于进一步做好自治区村容村貌改善工作的通知》《新疆全面开展国土空间规划编制工作方案》《自治区乡村绿化美化行动方案》《自治区农田防护林修复改造及村庄绿化美化实施方案》等一系列重要文件，编制了《新疆维吾尔自治区农村卫生户厕建设管理技术指南（试行）》、《农村生活污水处理排放标准》（DB65 4275—2019）、《新疆维吾尔自治区村庄规划编制技术要点》等，对

各项工作作出专门安排。①

此外，自治区还多次举办全疆农村人居环境整治工作培训班，组织地州市、县（市、区）和乡镇各级领导干部及时学习国家和自治区农村人居环境整治文件以及相关会议讲话精神。自治区各职能部门也派出专家赴地州市和县（市、区）开展改厕、农村生活污水处理、农村生活垃圾处理等专业培训，努力提高基层从业人员的相关素质和能力，推进农村人居环境整治工作有力、有序、有效开展。

新疆建立了自治区农村人居环境整治工作专家库，推行地州市和县（市、区）的农村改厕首席专家责任制，在多个村庄试点实施国家农村改厕模式与技术集成应用项目，强化农村人居环境整治工作的技术支撑。新疆开展了全疆农村"厕所革命"的摸底工作，确定了年度的分县市农村改厕计划，并组织160余人分三期赴浙江、广东进行农村人居环境整治工作的专题培训，组织地州市、县（市、区）和乡镇领导干部赴浙江、四川等省调研，深入学习这些省在农村人居环境整治工作中的模式、经验和具体举措。

与此同时，新疆各地州市、县（市、区）和乡镇党委、政府按照自治区部署要求，广泛开展农村人居环境整治工作的政策落实、调研督导和整改，及时召开各层面的工作推进会、协调会、现场会和培训班，立足实际、因地制宜、分类施策，细化农村人居环境整治具体工作方案，统筹推进各项工作有序实施。例如，有的地区将"万村整治"行动中院内院外"六件事"与村庄清洁行动中"三清一改"（清理农村生活垃圾、清理村内塘沟、清理畜禽养殖粪污等农业生产废弃物、改变影响农村人居环境的不良习惯）

---

① 参见《新疆维吾尔自治区农村人居环境整治工作情况报告》，自治区党委农村工作领导小组办公室、自治区农业农村厅，2019 年 11 月 29 日。

相结合，持续推进村庄干净、整洁、有序；又如在开展"万村整治"的村庄中，结合本地实际推进"厕所革命"，改厕以推广简单实用、成本适中、群众接受的卫生旱厕为重点，而在列入"千村示范"的村庄，改厕工作依据地方客观条件、结合群众实际需要，采取相应的无害化卫生厕所建造模式。

四、新疆农村人居环境整治工作的资金保障

新疆积极统筹中央和自治区资金，切实加大财政资金支持农村人居环境改善工作力度，强化资金监管和绩效评价工作机制落实，不断提高资金使用效益。据统计，新疆2018年年度农村人居环境整治财政投入142亿元，占自治区年预算内财政收入（含中央转移支付）的3.12%。主要用于农村环境整治、村容村貌改善、农村"厕所革命"、农村生活垃圾治理、农村污水治理、农药包装废弃物和废旧地膜回收利用、畜禽粪污无害化处理、农村饮水安全工程、农村危房改造、易地搬迁、乡村绿化美化试点、加强村庄规划管理、完善建设和管护机制等与农村人居环境密切相关的项目。

其中，2.5亿元农村人居环境整治工作专项财政资金用于支持500个纳入"千村示范"项目的示范村，每个村以奖代补50万元；3.7亿元支持61.82余万户的农村户厕改造，每户补贴600元；自治区发展改革委安排1亿元中央预算内资金投资支持尼勒克、福海、吉木萨尔、和硕、柯坪等5个县市，主要用于联户粪污集中处理设施及联户管网建设、农村生活垃圾处理、生活污水治理、村容村貌提升等领域的基础设施建设项目；昌吉市被列为

国家农村人居环境整治工作激励县，将 0.2 亿元激励资金用于农村"厕所革命"整村推进、村容村貌整治提升等；自治区财政还安排 1 016 万元支持 11 个地州市的 996 个示范村编制简化管用的村庄规划；安排 4 526 万元支持"千村示范"示范村推进生活污水治理；安排 648 万元开展 3 600 亩^①高标准农田防护林试点建设；安排 2 750 万元开展 5 个乡镇的 44 个村庄的绿化美化试点工作。

　　自治区财政将农村环境整治、美丽乡村建设、农业生产废弃物回收利用、农村畜禽粪污处理、秸秆资源化利用、农村公路建设等资金分配及时下达各地州市，并贯彻落实国务院和自治区贫困县涉农资金整合试点的政策规定，引导摘帽贫困县依托涉农资金整合试点机制，统筹资金适当用于农村人居环境整治项目，为农村人居环境整治提供配套支持。

　　此外，新疆还积极拓宽农村人居环境整治资金筹措渠道，充分考虑地方财政承受能力和政府投资能力的情况，在地方政府财政承受能力尚有富余及满足规范发展的同等条件下，优先考虑在农村人居环境整治领域推广政府和社会资本合作（PPP）模式，积极引导社会资本参与农村人居环境整治项目建设，在农村人居环境整治领域稳妥有序运用 PPP 模式。2018 年新疆纳入财政部综合信息平台管理库的农村人居环境整治 PPP 项目有 28 个，投资总额 90.69 亿元；其中，改善农村人居环境项目 19 个，总投资 76.07 亿元；农村基础设施建设项目 3 个，总投资 6.99 亿元；农村饮水工程项目 6 个，总投资 7.63 亿元；项目涉及全疆 8 个地州市、12 个县（市、区）。

---

① 1 亩≈666.7 平方米。

五、新疆农村人居环境整治工作的督查考核

新疆将农村人居环境整治工作纳入实施乡村振兴战略的考核内容,对各地州市、县(市、区)党委和政府以及自治区乡村振兴领导小组成员单位进行年度考核,其中涉及农村人居环境整治工作的内容占 15 分(参见表 1-1,总分为 100 分),包括组建农村人居环境整治领导小组机构、建立协调推进工作机制 1.5 分、农村人居环境整治专项资金投入量 2 分、农村垃圾治理任务完成率 2 分、农村"厕所革命"任务完成率 2 分、农村生活污水治理任务完成率 2 分、农村村容村貌提升任务完成率等 2 分、畜禽养殖废弃物资源化利用率和无害化处理率 2 分等。

表 1-1 新疆实施乡村振兴战略实绩考核评分表
(农村人居环境整治工作部分)

考核内容	评分办法及标准	分值	评价单位
组建农村人居环境整治领导小组机构、建立协调推进工作机制	根据完成年度目标任务完成率评定等次和得分	1.5	自治区党委农村工作办公室
农村人居环境整治专项资金投入量	根据农村人居环境资金投入量评定等次和得分	2	自治区财政厅
农村垃圾治理任务完成率	根据完成年度目标任务的数量和质量情况评定等次和得分	2	自治区住房和城乡建设厅
农村"厕所革命"任务完成率	根据完成年度目标任务的数量和质量情况评定等次和得分	2	自治区卫生健康委
农村村容村貌提升任务完成率,"美丽庭院"建设"四美三好一卫生"参与率	根据农村村容村貌提升任务完成年度目标任务的数量和质量情况评定等次和得分,满分 1 分;根据"美丽庭院"建设参与率评定等次和得分,满分 1 分	2	自治区住房和城乡建设厅、自治区妇联、自治区团委

考核内容	评分办法及标准	分值	评价单位
畜禽养殖废弃物资源化利用率和无害化处理率	根据完成年度目标任务的数量和质量情况评定等次和得分	2	自治区畜牧局
实施"千村示范、万村整治"工程，开展村庄清洁行动	根据工作开展情况评定等次和得分	1.5	自治区农业农村厅
农村生活污水治理任务完成率	根据完成年度目标任务的数量和质量情况评定等次和得分	2	自治区生态环境厅

来源：《新疆实施乡村振兴战略实绩考核实施细则》。

　　此外，新疆将城乡环境卫生整洁行动完成指标和农村卫生改厕普及率纳入卫生城镇创建评估的重要考核内容，制定印发了《自治区畜禽养殖废弃物资源化利用考核办法》，与各地州市人民政府（行政公署）主管领导签订了《自治区畜禽养殖废弃物资源化利用责任书》，明确了地方政府的职责，建立健全了畜禽污染治理和畜禽养殖废弃物资源化利用长效工作机制。自治区还加大了对农村人居环境整治工作的督导检查工作力度，以督查促落实，以考核促实效，以评比促提升。

　　自治区农村人居环境整治工作领导小组及时跟踪指导各地、各部门落实"千万工程"任务，围绕《自治区农村人居环境整治 2019 年工作要点》，细化各成员单位的任务分工和责任措施，明确地县乡村责任人，推行实名制、责任制管理。自治区农村人居环境整治工作领导小组办公室每个月进行一次全疆工作情况调度，及时掌握各地农村人居环境整治工作的推进情况。自治区多次组织调研工作组赴全疆各地州市开展专项指导，及时发现和整改问题，压实各级党委和政府责任。针对推进"厕所革命"中暴露出的重点和难点问题，自治区专门开展了全疆农村卫生厕所问题排查，共排查农村卫生户厕 1 224 073 座，发现问题厕所 140 259 座，完成整改 101 691 座，整改率为 72.5%，对未完成整改的问题也已全部提出整改目标和具体措施，明确责任单位在规定时间内完成整改。

自治区农业农村厅在官方网站设立农村人居环境整治工作信息专栏，建立问题投诉举报平台，公布举报电话和邮箱，同时组织各地州市、县（市、区）设立投诉电话和邮箱，畅通基层反映问题渠道，对群众反映的问题，第一时间组织地方党委、政府实地核查，派出工作组现场检查。例如，针对群众反映的温泉县三格式化粪池没有安装过粪设施的问题，进行了实地核查，要求当地及时整改；针对英吉沙县三格式化粪池内部串水问题，要求当地停止建设，全面摸排、落实整改措施，待问题解决后再开展新建。

六、新疆农村人居环境整治工作的进展成效

总体而言，在新疆各级党委和政府的高度重视和共同努力下，围绕中央和自治区确定的重点工作，各地及时作出安排部署，动员组织多方力量，扎实推进各项工作，在农村人居环境整治工作上取得了积极进展。

一是农村"厕所革命"扎实推进。新疆各地州市和县乡村全面开展了农村卫生厕所的新建、改造工作，2019 年全疆新增农村卫生户厕 91.24 万座（其中无害化卫生户厕 74.6 万座），公厕 4 901 座。全疆农村卫生厕所普及率已经超过 50%、惠及农村居民 171.47 万户，其中无害化卫生厕所普及率达到 39.3%、惠及农村居民 128.66 万户。在各地州市中，克拉玛依市、和田地区卫生厕所普及率最高，均超过 90%，乌鲁木齐市、哈密市、阿克苏地区均超过 60%，喀什地区、克孜勒苏柯尔克孜自治州（以下简称"克州"）、阿勒泰地区、巴音郭楞蒙古自治州（以下简称"巴州"）、昌吉回族自治州（以下简称"昌吉州"）、吐鲁番市均在 35% 以上。在全疆所有县级

地区中，5个一类县中已有4个提前完成90%以上农户有无害化厕所任务。

根据国家标准并结合新疆实际，自治区专门印发了《新疆维吾尔自治区农村卫生户厕建设管理技术指南（试行）》，对目前适宜的三格式、双坑（池）交替式、单坑（池）式、双瓮（双格）式、下水道水冲式、粪尿分集式、沼气池式等7个主要卫生厕所模式和技术标准进行了规范，并对维护管理、效果评价、施工验收等提出了具体要求。从各地情况看，全疆农村改厕主要集中在三格式、双坑（池）交替式、双瓮（双格）式三种模式，采用单坑（池）式、沼气池式两种模式的相对较少。昌吉州主要采用下水道水冲式、双坑（池）交替式两种改厕模式，分别占该州改厕总数的40.8%和29.9%；和田地区采用三格式的占52.2%；阿克苏地区、喀什地区采用下水道水冲式的分别占80.05%和65.42%。在粪污处理方式上，全疆62%的改厕农户选择自己清掏回田，16.8%选择直排至污水处理设备，12.7%选择由清掏队清掏。

从典型实例看，昌吉州坚持试点示范，选取35个村建设了150个改厕示范样板，每个乡镇培训2~3名管理和技术服务人员，89个示范村都配备1名技术服务人员，2019年该州30.8%的村庄已实现厕所粪污处理社会化运维管护服务。伊犁哈萨克自治州（以下简称"伊犁州"）把改厕后期管护和粪污处理作为工作重点，印发《伊犁州农村改厕后续管理维护实施意见》，确保农村户厕有人建、有人管、有人掏、有人修。喀什地区结合本地实际，协调相关单位对农村水厕、旱厕和化粪池改造建设等进行了设计，下发《关于推进喀什地区农村改厕工作的通知》，将水厕、旱厕多种模式模板提供给所属各县市参考，并组织召开了喀什地区农村安居工程现场推进会，对化粪池、卫生厕所改造建设工作等进行了现场观摩宣传，推动农村粪污治理工作，并明确单户化粪池容量必须在 2 立方米以上，对单户化粪池和多户化粪池分别实行每立方米 650 元或 700 元最高指导价。巴州尉犁县塔里木乡部分村民自建了水冲式室外厕所，通过高置储水桶的方式解决了用水难以保障等问题。和硕县祖鲁门苏勒村根据当地地表下 80 厘米浅土层易于蒸发的特点，推广造价仅 600 多元的铁皮式移动厕所，方便村民使用。

二是农村生活垃圾处理普遍加强。新疆各个村庄实施了三种农村垃圾治理模式，即"户集、村收、乡运、县处理"、"户集、村收、乡处理"和"户集、村收、就近处理"，各地主要根据相关基础设施建设费用、处理成本等因素选择相应的模式。新疆已纳入统计的行政村中已有 82.0%实现了农村垃圾有效处理，有 76.8%实现了农村垃圾的集中收集处理（参见表 1-2）。实现农村垃圾简单分类减量处理的行政村有 2 653 个，占新疆所有行政村的 28.9%。与此同时，新疆各个村庄均建立健全了"门前三包"等村庄清洁长效机制。

在各地州市中，乌鲁木齐市、克拉玛依市、吐鲁番市、哈密市、博尔塔拉蒙古自治州（以下简称"博州"）、和田地区所属90%以上的行政村都实现了垃圾集中收集处理，吐鲁番市、博州、哈密市、克拉玛依市超过80%的行政村开展了垃圾分类。昌吉州按照"户减量、村收集、乡转运、县处理"模式对农村垃圾进行统筹处理，所辖 7 个县市建立了农村垃圾集运处置体系，有 70%以上的村庄的垃圾得到了有效治理。伊犁州不断探索完善符合农村实际、方式多样的农村垃圾收运处置体系，在各村庄配备了垃圾收集池、保洁桶、清运车、运输车等垃圾收运设施，基本实现了乡镇全覆盖，有 82.5%的村庄完成了垃圾治理任务。阿克苏地区加强农村垃圾处理配套设施建设，平均每 4 户配备 1 个垃圾桶，有 79.9% 的村庄的垃圾得到了有效治理。

表 1-2   新疆各地农村生活垃圾治理情况统计   单位：%

项目	新疆	昌吉州	吐鲁番市	喀什地区	博州	塔城地区	阿克苏地区	哈密市	巴州	和田地区	克拉玛依市	克州	阿勒泰地区	乌鲁木齐市	伊犁州
垃圾得到有效处理的行政村占比	82.0	77.3	100.0	78.5	100.0	69.4	79.9	100.0	76.4	100.0	100.0	62.2	59.3	94.8	82.5
其中：集中收集处理的行政村占比	76.8	63.3	100.0	78.5	100.0	62.6	77.3	100.0	70.7	92.1	100.0	62.2	47.5	94.8	66.2
垃圾分类的行政村占比	28.9	34.7	100.0	29.8	100.0	9.2	33.8	84.7	15.9	21.5	100.0	15.7	59.3	22.4	19.5

数据来源：新疆农业农村厅社会事业处。

三是农村生活污水治理得到改善。根据国家要求并结合新疆实际，新疆印发了《农村生活污水处理排放标准》（DB65 4275—2019），全面调查各地农村生活污水治理情况，包括治理模式、治理村庄数量、受益人口、资金来源、运行情况等，建立和完善相关工作台账，并总结各地实践经验，加快推进农村生活污水治理工作。

各地州市将农村生活污水治理作为攻坚难点，一边学习借鉴、探索示范，一边积累经验、稳妥推进，按照"临近城镇的村庄尽可能纳入城镇污水处理管网体系；距离较远、人口集中的村庄则统一新建污水处理设施及配套管网"的思路开展工作。各地州市"农村生活污水乱排乱放得到管控的行政村比例"达到31%，其中"建有集中式、分散式等农村生活污水治理设施或纳入城镇污水管网的行政村比例"为21%。伊犁州对城镇污水处理厂进行改造升级，将城镇周边部分村庄的生活污水纳入了改造升级后的城镇污水处理系统，对城镇污水处理厂无法覆盖的乡镇农村污水处理进行积极探索，有条件的乡镇新建小型污水处理站，如伊宁县巴依托海镇建设了日处理能力500立方米的污水处理站，以部分满足全镇13个行政村的污水处理需求。巴州博湖县乌兰再格森乡席子木呼尔村积极试用新型污水处理设备和技术，在推行付费管护机制方面进行了有益探索，目前该模式已在全乡18个村组推开。

四是村庄规划工作逐步开展。坚持"规划先行，依规推进"是实施乡村振兴战略的明确要求，也是开展农村人居环境整治工作的基础。中央要求各地要基本明确集聚提升类、城郊融合类、特色保护类、搬迁撤并类村庄分类，突出抓好示范村庄规划编制；并结合国土空间规划编制，在县域层面基本完成村庄布局工作，支持有条件的村结合实际单独编制村庄规划，做到应编尽编，全面完成县域乡村建设规划编制，科学安排县域乡村布局、资源利用、设施配置和村庄整治，基本实现村庄规划管理全覆盖。依据2018年国务院机构改革，城乡规划管理等职责划转自然资源部门。中央农办等五部委印发了《关于统筹推进村庄规划工作的意见》，对推进村庄规划作出了安排部署。新疆结合区情，在《村庄规划编制技术规程（试行）》（XJJ 047—2012）的基础上，印发了《新疆维吾尔自治区村庄规划编制技术要点》，指导各地开展村庄规划编制工作。

新疆大多数地州市、县（市、区）在全面开展城乡规划编制工作基础上，完成了县域乡村建设规划和行政村村庄规划。各地积极探索加强村庄规划管理的有效方式，对已编制的村庄规划进行评估和考核，并结合机构改革设置了专门机构对乡村规划建设进行专项管理。各地财政新投入的资金主要用于以农村人居环境整治示范村为主的村庄的规划修编工作，自治区财政安排 1 016 万元支持 11 个地州市的 996 个示范村修编村庄规划。各地州市、县（市、区）也积极筹措各类资金，对村庄规划进行了新编或者修编。巴州利用自治区现代农业示范补助项目资金 70 万元对 100 个农村人居环境整治示范村村庄规划修编进行补助。与此同时，自治区结合脱贫攻坚和城乡建设用地增减挂钩节余指标跨省域调剂，安排喀什地区莎车县白什坎特镇作为试点乡镇，启动了 5 个村的规划，并结合乡村振兴、脱贫攻坚、农村人居环境整治等工作，选取 11 个村开展自治区村庄规划编制试点。昌吉州 2019 年已有 98.6% 的村庄完成分类划定工作，集聚提升类、城郊融合类、特色保护类、搬迁撤并类村庄分别占 62.4%、22.3%、6.5%、7.4%；同时，编制《昌吉回族自治州农村民居风貌导引图册》，并重点指导完成 22 个州级乡村振兴示范村、18 个旅游示范村规划修编。阿勒泰地区有 40.3% 的村庄完成了分类划定工作，集聚提升类、城郊融合类、特色保护类、搬迁撤并类村庄分别占 23.3%、3.9%、6.9%、6.2%。巴州初步拟定《巴州国土空间总体规划发展大纲》，并指导 50 个自治区级农村人居环境整治示范村制定村庄规划方案。伊犁州设立规划管理局以加强对村庄规划的管理，初步拟定县市域村庄布局规划和村庄规划审查规则，制定《伊犁州农村人居环境整治村庄规划行动方案》《村庄规划管理考核指标日常考评办法》。博州在各乡镇设置村镇规划建设管理办公室，配备工作人员，由其具体负责村镇规划修编和村镇建设管理工作。阿克苏地区围绕村庄发展定位、主导产业选择、用地布局、人居环境整治、生态保护等内容，对前期已完成的村庄规划进行评估，开展实用性村庄规划修编工作，2019 年该地区已完成了 105 个自治区级农村人居环境整治示范村的村庄规划修编。

五是调动群众广泛参与。改善农村人居环境既是群众期盼的事，也是千家万户群众自己的事，各地动员群众、组织群众，努力形成群众事群众抓、群众参与、群众监督的良好态势。如哈密市充分发挥村规民约在社会治理中的积极作用，将农村环境卫生、古树保护、村庄规划等要求纳入村规民约，让群众签订"门前三包"责任书，动员他们主动参与环境卫生整治工作，保证房前屋后环境整洁。克州发挥电视、网络、宣传栏、大喇叭等作用，广泛宣传开展农村人居环境整治工作的重要意义，积极发挥基层党员、妇女干部和农村人居环境整治标兵户的示范带头作用，引导群众改变观念、摒弃陋习、提倡文明的生活方式。

新疆各个村庄从群众自己动手能干、易实施易见效的村庄环境卫生整治入手，深入开展了村庄清洁行动春节战役、春季战役、夏季战役和秋冬战役。各地在做好农村生活垃圾清扫清运和庭院卫生打扫、农村沟渠清理、畜禽养殖粪污等农业生产废弃物清理规定动作的基础上，还结合实际开展了各具特色的综合整治行动，建立健全"门前三包"等村庄清洁长效工作机制，开展"卫生家庭""美丽庭院"等群众性评比创建活动，以及村庄绿化、亮化、美化等工作。据统计，全疆村庄清洁行动共发动干部群众投工投劳 1 806.8 万人次，清理垃圾 387.58 万吨，清理残垣断壁 69.17 万处，清理村内沟渠 9.93 万千米，清理村沟村塘淤泥 92.41 万吨，清理农田支干斗渠 6.57 万千米，清理畜禽养殖粪污等农业生产废弃物 187.84 万吨，完成废旧地膜回收 1 689 万亩，开展入户宣讲 222.25 万次，涉及群众 2 381.5 万人次，发放宣传资料 50.25 万份，张贴宣传标语 26.21 万条。

第二章

新疆农村人居环境整治工作面临的
困难和问题

在新疆各级党委和政府的领导下，各地纷纷开展农村人居环境整治工作，在农村"厕所革命"、污水治理、垃圾处理、村容村貌提升等多方面取得了显著的成效。然而，农村人居环境整治工作涉及面广、难度大，除了各地普遍反映的缺资金、缺项目等重点难题外，还存在一些值得重视的困难和问题。

一、村庄规划编制进度滞后、难以有效实施

为推进农村人居环境整治工作，应当做到规划先行。随着新疆各地城市化水平的提高，大量农村人口进城，许多村庄成为"空心村"，因此需要

根据未来的发展趋势对各个村庄进行评估，将其划分为集聚提升类、城郊融合类、特色保护类、搬迁撤并类等不同类型，以此制定相应的规划，分类推进农村人居环境整治工作，否则有可能造成大量人力、物力和资金的浪费。此外，农村人居环境整治工作涉及农村污水治理、粪污治理、垃圾治理等的基础设施建设，这些建设项目很多是互相联系的，需要提前做好规划，做到各项工作统筹衔接，避免大拆大建、无序和盲目建设。

中央农办等五部委印发了《关于统筹推进村庄规划工作的意见》，对各地村庄规划的编制提出了要求："力争到2019年底，基本明确集聚提升类、城郊融合类、特色保护类等村庄分类；到2020年底，结合国土空间规划编制在县域层面基本完成村庄布局工作，有条件的村可结合实际单独编制村庄规划，做到应编尽编，实现村庄建设发展有目标、重要建设项目有安排、生态环境有管控、自然景观和文化遗产有保护、农村人居环境改善有措施。"[1]此外，自然资源部办公厅印发的《关于加强村庄规划促进乡村振兴的通知》中提出："村庄规划是法定规划，是国土空间规划体系中乡村地区的详细规划，是开展国土空间开发保护活动、实施国土空间用途管制、核发乡村建设项目规划许可、进行各项建设等的法定依据。要整合村土地利用规划、村庄建设规划等乡村规划，实现土地利用规划、城乡规划等有机融合，编制'多规合一'的实用性村庄规划。"[2]

新疆在喀什地区莎车县、吐鲁番市高昌区、伊犁哈萨克自治州特克斯县、阿勒泰地区阿勒泰市、乌鲁木齐市乌鲁木齐县选取了11个村庄开展村

---

① 参见《中央农办　农业农村部　自然资源部　国家发展改革委　财政部关于统筹推进村庄规划工作的意见》（农规发〔2019〕1号），2019年1月4日。
② 参见《自然资源部办公厅关于加强村庄规划促进乡村振兴的通知》（自然资办发〔2019〕35号），2019年5月29日。

庄规划编制试点，并起草了《新疆维吾尔自治区村庄规划编制技术要点（讨论稿）》①。但新疆近 1 万个村中，2019 年仅有 1.2% 的村庄编制完成了国土空间规划体系下的村庄规划，编制进度明显落后于要求。

新疆村庄规划编制滞后的一个重要原因是自治区国土空间规划体系编制的滞后。原先涉及村庄的主要有两类规划，一是住建部门负责的村庄建设规划，二是原国土部门负责的村庄土地利用规划；前者主要管理村庄房屋建设等内容，后者主要负责基本农田保护等内容。为推进"多规合一"改革，2018 年国务院机构改革后，将原国土部门、住建部门和发改部门的规划职能合并，成立了新的自然资源部门，全国从上到下开始编制各级国土空间规划。新疆发布了《新疆全面开展国土空间规划编制工作方案》，计划编制完成自治区级国土空间规划，按照自然资源部专家技术论证意见修改完善后，报自治区人民政府和自治区人大组织审议，通过后再报国务院；在此基础上"各地（州、市）完成国土空间规划的编制"和"各县（市）基本完成国土空间规划成果"。② 因此，在上位国土空间规划没有编制完成的情况下，村庄规划的编制工作也难以在短时间内大规模铺开。

更为重要的是，在实地调研中发现，村庄规划并未在当前农村人居环境整治工作中切实发挥作用。一些地方干部在实际工作中常常不把规划真当回事，尤其在乡村层面，情况更是如此。与此同时，村庄缺乏好用、实用的规划，农村人居环境的各项建设不得不采取各自推进的方式。自治区住建部门曾花费大量资金在全疆开展村庄建设规划的编制工作，但这些规

---

① 参见《新疆维吾尔自治区自然资源厅 2019 年度乡村振兴战略分解任务落实情况报告》，2019 年 12 月 19 日。
② 参见《新疆全面开展国土空间规划编制工作方案》，2019 年，新疆维吾尔自治区人民政府网。

划大多被束之高阁，并未在现实中发挥实质性的约束作用。此次国土空间规划体系下村庄规划的编制面临着同样的困境，一方面亟须投入大量的资金和专业人员开展村庄规划试点编制的推广工作；另一方面，村庄规划能否得到有效实施、真正发挥统筹协调农村人居环境整治各项工作的作用，在基层还存在不小的疑问，主要表现在以下几方面：

一是有的基层干部对推进修编村庄规划行动存在疑虑。国家要求"必须切实把村庄规划做在前面"，也提出"科学编制好村庄建设规划，要依照县域和乡镇国土空间规划，逐村编制'多规合一'的实用性村庄规划"，但对标自治区人居环境整治、村庄规划任务和各市县基本完成国土空间规划目标，村庄规划是"边修边等"，存在无序建设、盲目建设的隐忧。

二是部分地区村庄规划思路还不清晰。有的地方领导对村庄规划不重视，还没有意识到这一轮村庄规划的重要性、系统性和严肃性，简单地认为村庄规划要对标新部署、新要求，就得重新安排规划，认为之前已经完成的村庄规划实际指导作用不大，将其束之高阁。有的结合村庄分类、基础设施布局建设等方面的考虑不足，孤立地推进污水治理、垃圾治理、"厕所革命"、村容村貌提升等工作，造成重复规划和重复建设。

三是有些地区把精力过多用在精品建设和形象工程上。试点示范中有的地方把规划做得过于"高大上"、不接地气。此外，调研还发现有的村庄规划照搬城镇规划模式，甚至引用小城镇化发展的概念修编村庄规划。

四是基层管理村庄建设的能力和水平还需要加强。随着乡村振兴战略的深入实施，解决城乡发展不平衡不充分问题的社会关注点更多地聚焦到乡村规划和建设管理上。如何统筹好、利用好、管理好有利于乡村发展的各方资源，强化乡村规划、建设、土地、环保、产业、交通等的协同推进，是各级党委、政府需要提前谋划考虑的，对照现实的迫切要求，县市已有乡村规划建设管理机构的工作能力还亟待加强。

二、改厕技术和产品与实际需求不符合

"小厕所、大民生"，"厕所革命"是整个农村人居环境整治工作的重点和难点。中央农办等部门印发的《关于推进农村"厕所革命"专项行动的指导意见》提出："到 2020 年，东部地区、中西部城市近郊区等有基础、有条件的地区，基本完成农村户用厕所无害化改造，厕所粪污基本得到处理或资源化利用，管护长效机制初步建立；中西部有较好基础、基本具备条件的地区，卫生厕所普及率达到 85% 左右，达到卫生厕所基本规范，贮粪池不渗不漏、及时清掏；地处偏远、经济欠发达等地区，卫生厕所普及率逐步提高，实现如厕环境干净整洁的基本要求。到 2020 年，东部地区、中西部城市近郊区厕所粪污得到有效处理或资源化利用，管护长效机制普遍建立。地处偏远、经济欠发达等其他地区，卫生厕所普及率显著提升，厕所粪污无害化处理或资源化利用率逐步提高，管护长效机制初步建立。"[①]

新疆发布的《关于推进农村"厕所革命"专项行动的实施意见》提出："到 2020 年，力争全区农村卫生厕所普及率达到 60%。其中，乌鲁木齐市、昌吉州、克拉玛依市等有较好基础、有条件的地区，卫生厕所普及率达到

[①] 参见《中央农办　农业农村部　国家卫生健康委　住房城乡建设部　文化和旅游部　国家发展改革委　财政部　生态环境部关于推进农村"厕所革命"专项行动的指导意见》（农社发〔2018〕2 号），2018 年 12 月 25 日。

65%，厕所粪污基本得到处理或资源化利用，管护长效机制初步建立；伊犁州、塔城地区、阿勒泰地区、博州、巴州、哈密市、吐鲁番市等有一定基础、基本具备条件的地区，卫生厕所普及率达到 55%，达到卫生厕所基本规范，贮粪池不渗不漏、及时清掏；南疆四地州卫生厕所普及率逐步提高，力争实现如厕环境干净整洁的基本要求。到 2022 年，全区厕所粪污无害化处理或资源化利用率逐步提高，管护长效机制逐步建立，卫生厕所普及率达到 86%。"①

　　随着"厕所革命"专项行动的开展，在项目和资金的带动下，新疆各地兴建了大量的卫生厕所，取得了积极进展，但也暴露出一些突出的问题。首先是改厕产品和技术难以符合实际的需求。新疆地域辽阔，各地自然地理状况差异很大。在一些高寒、干旱等特殊气候条件的地区，对改厕产品和技术的要求较高。例如，北疆的寒冷区域冻土层厚，存贮粪污的设备需要埋得较深，普通厚度和材质的贮罐就容易变形和泄漏；而在吐鲁番等缺水的地区，村庄的水压往往不足，经常导致普通排水管道不通畅和堵塞。此外，新疆各地经济发展水平存在明显的差异，老百姓的生活习惯也不相同。即使在同一区域，不同生活条件的农户对改厕也有不同的要求。在实地调研中就发现，即便是一个村庄的相邻农户，由于经济条件、卫生习惯等不同，有的愿意选旱厕、有的愿意选水冲式厕所。调研中发现，新疆各地在改厕过程中推动方式简单化、技术模式选择不科学、产品质量和施工质量不过关的现象仍相当普遍。

　　例如，有的地方推行手摇式或电动式智能环保马桶，虽然节水但价格

---

① 参见《自治区党委农村工作领导小组印发〈关于推进农村"厕所革命"专项行动的实施意见〉的通知》（新党农领字〔2019〕15 号），2019 年 3 月 6 日。

高、体型大、使用麻烦，很难得到群众的欢迎，但即便是这样，当地还是将其纳入财政补助范围予以推广。有的地方没有正确处理好整治力度、建设程度、推进速度与财力承受度、群众接受度的关系，辛辛苦苦建了无害化卫生厕所，但验收却不过关；多方努力筹措项目资金，但仍无法满足目标任务需要，精准奖补、精准施策成了难题。

调研中有干部和群众认为，必须结合各地方的实际情况，不能简单地照搬照抄国家的相关规范和标准，某些现行的农村户厕建设规范和污水处理标准还不能完全契合新疆实际，指导性、操作性、实效性都需要加强。在实地调查中发现，一些地方领导干部把大量精力花在了用什么样的厕所、采取什么样的技术上，这本应是专业部门和技术专家要解决的问题，亟待国家和自治区层面强化技术服务指导和专家支持，针对新疆水资源匮乏、冬季严寒等各种实际条件，在污水治理、厕所粪污治理等领域加大对各地的技术服务指导力度。

其次是各地上报的卫生厕所普及率存在明显的水分，卫生厕所的实际使用率难以真正保证。近年来，新疆在中央财政的支持下，大力开展"农村安居工程"，并根据脱贫攻坚中"两不愁、三保障"（不愁吃、不愁穿，义务教育、基本医疗和住房安全有保障）的要求，支持农户兴建了大量的保障房和富民安居房，这些新建的安居房大多安装了厕具，算是拥有了"卫生厕所"，并被各地计入卫生厕所普及率的提高而上报。但这些"卫生厕所"的实际使用率却很低，许多厕所间被当作储物间，主要是因为在修建房屋的过程中，绝大多数保障房和富民安居房并没有配套建设下水设施，修建的卫生厕所多数成为摆设。实地调研中，发现相对多的农户并没有使用新建的卫生厕所，不少农户仍然保留原来使用的厕所，一家同时拥有旱厕和水冲式厕所的情况并不少见。总体来看，在新疆"厕所革命"行动中，许多新建、改建的厕所难以符合广大农户的实际需要，老百姓不愿用、没法用、用不上的问题还比较严重。真实的卫生厕所普及率明显不及上报的数字。[①]

三、农村生活垃圾填埋等处理能力有限

根据《住房和城乡建设部关于建立健全农村生活垃圾收集、转运和处置体系的指导意见》的要求："到 2020 年底，东部地区以及中西部城市近郊区等有基础、有条件的地区，基本实现收运处置体系覆盖所有行政村、90%以上自然村组；中西部有较好基础、基本具备条件的地区，力争实现收运处置体系覆盖 90%以上行政村及规模较大的自然村组；地处偏远、经济欠发达地区可根据实际情况确定工作目标。收运处置体系覆盖范围进一步提高，并实现稳定运行。"[②]

围绕农村生活垃圾治理，新疆根据《新疆维吾尔自治区农村生活垃圾处理设施建设规划（2015—2020 年）》的执行情况开展了中期评估工作，印发了《关于进一步做好自治区农村生活垃圾治理工作的通知》并修订完善《农村生活垃圾分类、收运和处理项目建设标准》（新建标 005—2017），督促指导各地构建符合本地实际的农村生活垃圾收运处置体系。要求"对于距离既有垃圾处理场 50 公里范围内的乡镇、村庄，应充分利用既有垃圾处

① 参见《自治区农村人居环境整治工作督导情况报告》，自治区农村人居环境整治工作督导组，2019 年 3 月 27 日。
② 参见《住房和城乡建设部关于建立健全农村生活垃圾收集、转运和处置体系的指导意见》（建村规〔2019〕8 号），2019 年 10 月 19 日。

理场的消纳能力，采用'户集、村收、乡镇运'模式，将农村生活垃圾统一运至既有垃圾处理场集中处理""对于距离既有垃圾处理场 50 公里以外的乡镇、村庄，可以采用'户集、村收、乡镇处理'模式，并新建区域垃圾填埋场来处理农村生活垃圾""对于地处偏远、交通不便的散居村庄，鼓励强化垃圾分类、推行农家堆肥，或以村庄为单位，采用'户集、村收、村填埋'模式处理农村生活垃圾"。[①]

　　总体而言，新疆大多数村庄已经初步建立了垃圾收集和转运体系，农村生活垃圾治理工作取得了明显的成效。各村均配备了垃圾车、垃圾箱或垃圾船，设置了保洁岗，有专门的保洁员维护村庄的公共环境卫生，村容村貌有了显著改善。真正的问题在于如何对收集和转运的农村生活垃圾进行填埋等有效处理。新疆对农村生活垃圾进行无害化处理的行政村为 1 352 个，仅占 14.7%[②]。按照上述文件的要求，农村生活垃圾的大部分都应收集转运到附近的县城或乡镇的垃圾填埋场，但实际的情况是许多现有垃圾填埋场的处理能力已经跟不上城市发展带来的垃圾产生量快速增长的客观需要；不少县城或乡镇的垃圾填埋场容量不足、垃圾围城的现象逐渐蔓延，没有足够的能力来处理新增的大量农村生活垃圾。因此，不少村庄收集好的生活垃圾只是被转运到稍微偏远的地点堆放，由此产生了许多难以有效管控的非正规垃圾堆放点。在新疆专门进行的农村非正规垃圾堆放点排查中，各地上报发现了 145 处非正规垃圾堆放点[③]。新疆地广人稀、村庄分散，农

[①]　参见《关于进一步做好自治区农村生活垃圾治理工作的通知》（新建村函〔2019〕53 号），新疆维吾尔自治区住房和城乡建设厅，2019 年 6 月 14 日。

[②]　数据来源：新疆维吾尔自治区市政公用设施基层表（村庄部分），2019 年村镇基 3 表。

[③]　参见《实施乡村振兴战略实绩考核自评报告》，新疆维吾尔自治区住房和城乡建设厅，2019 年 12 月 21 日。

村非正规垃圾堆放点的实际数目可能远大于此。

四、农村生活污水治理的推进存在短板

农村生活污水治理所需投资大，一向是各地农村人居环境整治工作的薄弱环节。中央农办等部委印发的《关于推进农村生活污水治理的指导意见》指出："到 2020 年，东部地区、中西部城市近郊区等有基础、有条件的地区，农村生活污水治理率明显提高，村庄内污水横流、乱排乱放情况基本消除，运维管护机制基本建立；中西部有较好基础、基本具备条件的地区，农村生活污水乱排乱放得到有效管控，治理初见成效；地处偏远、经济欠发达等地区，农村生活污水乱排乱放现象明显减少。"[①]

新疆按照"千万工程"的要求，推进示范村开展生活污水治理，已投入中央和自治区专项资金 7 417 万元用于 134 个示范村的农村生活污水治理，制定新疆《农村生活污水处理排放标准》（DB65 4275—2019）和《农村生活污水处理技术规范》（DB65/T 4346—2021），并要求各地区以县域为单位编制农村生活污水治理规划或方案。

相较于新疆推进各地农村生活污水治理所需要的大量资金，上述中央和自治区的投入还远远不足，农村生活污水治理成为新疆农村人居环境整治工作中的突出短板。据新疆农业农村厅社会事业处统计，2019 年新疆村庄中，农村生活污水能够排入城镇管网或进行集中、联户、分户处理的不

[①] 参见《中央农村工作领导小组办公室　农业农村部　生态环境部　住房城乡建设部　水利部　科技部　国家发展改革委　财政部　银保监会关于推进农村生活污水治理的指导意见》（中农发〔2019〕14 号），2019 年 7 月 3 日。

到 1 700 个，80%以上的行政村的农村生活污水还没有得到有效处理。"缺资金、缺项目"成为全疆农村生活污水治理推进迟缓的直接原因，各部门缺乏有效协调沟通；农村生活污水治理项目往往单打独斗，无法与相关的项目有效整合，是农村生活污水治理面临的突出问题。

五、农民主体作用发挥不够、运营管护机制需要加强

农村人居环境整治工作事关农村居民切身利益，无论是"厕所革命"、生活垃圾治理还是生活污水治理，都与农户的生活息息相关。《农村人居环境整治三年行动方案》中将"村民主体、激发动力"作为推进农村人居环境整治工作的基本原则之一，并明确提出要"尊重村民意愿，根据村民需求合理确定整治优先序和标准。建立政府、村集体、村民等各方共谋、共建、共管、共评、共享机制，动员村民投身美丽家园建设，保障村民决策权、参与权、监督权。发挥村规民约作用，强化村民环境卫生意识，提升村民参与人居环境整治的自觉性、积极性、主动性"。[①]

然而，在推进农村人居环境整治的实际过程中，不少地方并没有充分听取群众的意愿，倾向搞大包大揽。在政府"自上而下"包揽式的项目推进模式下，农村人居环境建设项目的安排缺乏与当地农民的必要联系，农民对各种项目缺乏知情权，对村中的事务缺乏参与权，对自身最直接、最急需、最关心的人居环境问题的解决缺乏决策权，造成许多农民自觉改变传统生活方式的意识不强，主动参与、主动投资投劳的积极性不高，"干部

---

① 参见《中共中央办公厅　国务院办公厅关于印发〈农村人居环境整治三年行动方案〉的通知》（中办发〔2018〕5 号），2018 年 2 月 5 日。

干、群众看"的现象较为普遍。

例如，在实地调研中发现有的村庄虽然离城镇较近，可以通过实施接入城市污水处理管网的项目来解决农村生活污水和粪污处理问题，显著改善农村居民的生活环境和质量，但是由于所需的资金量往往比较大，一时难以筹措资金并推动项目开展。此时如果能够发动农民在开挖沟渠等工作上投工投劳，可以明显减少项目所需要的资金数额，大大增加项目实施的可能性和可行性。但实际上村里却难以有效动员农民参与，最终使得相关的项目设想不了了之。还有的地方在推进"厕所革命"中推行农民改厕零投入，给村集体免费配备抽粪车等设施、免费帮农民抽粪污，使得一些农民认为清掏粪污是政府的事，不愿自己动手。这既加重了地方财政负担，又不利于调动农民积极性，也难以保障农民对后续管护工作的责任心。[①]

首先，有的地方对政府"主导作用"的理解有偏差，习惯通过行政命令的方式推动工作。农村改革发展经验告诉我们，要注重发挥亿万农民的主体作用和首创精神，但有的地方忽视了这一点。改厕事关农民生活习惯和生活质量，本应尊重农民意愿，由其自愿选择改厕模式，但有的地方"等不及"，过于追求"一步到位"，从头到尾帮助农民推旧翻新，认为农民会慢慢接受这种新的生活方式和模式，却忽视了农民的意愿和感受，最终出现了"盖好的厕所没人用""屋里一个水厕、房后一个旱厕"的现象。

其次，新生活、新风尚与农村的传统观念和固有习惯发生碰撞，而追求这种新生活、新风尚的社会氛围尚未成为主流，农民思想观念的转变相对滞后。农民土生土长在乡村，习惯了牲畜家禽满街跑、生活垃圾就地烧、

---

① 参见《自治区农村人居环境整治工作督导情况报告》，自治区农村人居环境整治工作督导组，2019 年 3 月 27 日。

旱厕简单方便。农村基层干部经常抱怨农村垃圾治理难的原因在于农民随地乱扔，有的干部责怪老乡放着好好的水厕不用非要用旱厕，还有的干部认为农民只顾挣钱、不顾院落卫生清洁等，其实这些都是习惯使然，非一朝一夕所能改变，要有足够的耐心和信心，一些影响村庄发展环境的习惯需要有所改变，但这种改变要有一个过程，需要加强政府的引导，激发群众的自觉。

最后，社会力量有效填补农村人居环境整治短板的作用还没有完全发挥出来。城乡发展的不平衡、不充分聚焦在乡村发展，更多地表现在基础设施建设和社会公共服务质量上，需要投入大量的资金和人员技术保障。但是政府主导的资金投入量有限，依靠自筹会增加农民负担，希望更多寄托于社会力量。

与此同时，在推进农村人居环境整治工作中，中央文件一再强调各地要重视相关管护机制的建立健全，提倡"先搞规划、后搞建设，先建机制、后建工程"。《关于深化农村公共基础设施管护体制改革的指导意见》提出，要"按照'建管一体'的要求，坚持先建机制、后建工程，统一谋划农村公共基础设施建设、运营和管护，建立健全有利于长期发挥效益的体制机制"，要"根据各地区经济社会发展水平和不同类型农村公共基础设施特点，科学制定管护标准和规范，合理选择管护模式，有序推进管护体制改革"。①

但在现实中，"重项目、轻机制""重示范、轻普及"的现象还相当普遍，许多地方更倾向把争取来的资金投入到见效快、促形象、出政绩的短

---

① 参见《国家发展改革委 财政部关于印发〈关于深化农村公共基础设施管护体制改革的指导意见〉的通知》（发改农经〔2019〕1645号），2019年10月19日。

期项目，而不愿投入到那些见效慢、期限长、打基础的项目上；更愿意新建项目，而不是注重对已有设施的维修养护。不少地方采取保示范、保重点的做法，集中资源打造几个用于参观的示范点，而对面上工作普遍关注不够，由此形成的所谓示范点难以真正起到以点带面的作用，也无法总结出切合本地实际、可以推广的有效方法和经验。此外，各地往往更看重各种项目和资金投入，对配套管护机制的探索则相对缺乏。由此导致经常发生的现象是：设备购买了、设施修建了，却因管护机制不到位、配套措施不健全、缺乏相应的运转资金等各种原因而难以得到有效利用，各种已建基础设施"晒太阳"的情况并不鲜见。又如有的地方购买的垃圾车因为没有相应的人员、燃油费用分担机制而搁置。有的地方的污水处理设施已建成使用多年，却因财政吃紧，周边很多农户至今还没有接入管网，设备运行效率大打折扣。

六、农村人居环境整治工作的组织和考核机制有待完善

根据中央农办、农业农村部发布的《农村人居环境整治工作分工方案》[①]，对于"整治提升村容村貌""推进农村生活垃圾治理""推进农村生活污水治理""推进'厕所革命'""推进农业生产废弃物资源化利用""完善建设和管护机制""加强村庄规划工作"等七大类 21 项具体任务，指定了相关部门的职责分工，并明确了第一牵头单位负主要责任。例如第四类"推进'厕所革命'"由中央农办、农业农村部、卫生健康委、住房城乡

---

① 参见《中央农办　农业农村部关于印送农村人居环境整治工作分工方案的函》（农社函〔2018〕3 号），2018 年 10 月 23 日。

建设部、文化和旅游部负责，并进一步区分了"推进农村户用卫生厕所改造""加强农村公共厕所建设""厕所粪污处理"3 项具体任务，其中"推进农村户用卫生厕所改造"包括"科学确定农村厕所改造建设标准，推广适应地域特点、农民群众能够接受的改厕模式，加大改造投入力度，降低厕所使用成本，让农民既用得好、又用得起，防止脱离实际"等内容，由农业农村部和卫生健康委作为牵头单位。

虽然上述文件已把农村人居环境整治中各部门的职责分工界定得较为明确和清晰，但在实际执行过程中，各部门之间的配合和协调仍然存在很多的问题。2018 年国务院机构改革之前，农业部门主要负责农业生产和农产品质量安全等内容，侧重于第一产业的领域；机构改革后，新成立了农业农村部门①，将广大农村领域的许多事项纳入职能范围，如农村人居环境的整治。原有农业部门缺乏相关事务的管理经验和能力，比如农村户用卫生厕所改造一直是由卫生健康部门负责，农业部门缺乏相关的专业知识和能力；又如村庄规划，农业部门下属的规划院、规划所等部门原先主要从事农业资源、农业生产等方面的工作，对国土空间、村庄建设等方面的规划工作几乎无经验。因此，在推进农村人居环境整治的各项工作中，必须依靠原先相关的职能部门，农业农村部门主要发挥协调统筹的作用。

然而，在实际工作过程中，不少职能部门认为既然农村人居环境整治工作由农业农村部门牵头，那么各项具体工作的推进也应由农业农村部门来负责。在实地调研中，住建、卫健等部门的同志也反映，原先不同部门都有相应的项目和资金来推进农村人居环境整治中各自负责的工作，现在

---

① 参见《中共中央关于深化党和国家机构改革的决定》（2018 年 2 月 28 日中国共产党第十九届中央委员会第三次全体会议通过），新华社，2018 年 3 月 4 日。

由农业农村部门牵头后，许多项目和资金集中到了农业农村系统，各部门缺乏相应的抓手来推进工作。目前，农村人居环境整治工作推进中存在的突出问题是农业农村部门承担的具体任务与其已有的能力不匹配，其牵头抓总的作用难以充分发挥，无法真正做到统筹协调其他部门的工作。[①]

虽然各级政府成立的农村人居环境整治工作领导小组也可以起到协调各相关部门工作的作用，但农村人居环境整治工作涉及的内容非常具体、千头万绪，需要各部门经常坐在一起协调配合的事项非常多，而农村人居环境整治工作领导小组并不是经常开会，由此容易造成各相关部门之间协调沟通不畅的现象。

此外，在自治区层面已经将各地州市的农村人居环境整治工作纳入自治区实施乡村振兴战略实绩考核中，由自治区党委农村工作领导小组办公室具体负责考核工作。考核内容专门设置了"乡村生态振兴"的部分，对各地州市"组建农村人居环境整治领导小组机构，建立协调推进工作机制，强化专项资金投入"以及"农村垃圾治理、农村厕所改造、农村污水治理、农村村容村貌提升任务完成率"等具体内容进行考核，"地州市、县（市、区）年度实施乡村振兴战略实绩考核得分、排名经自治区乡村振兴领导小组审定后，报请自治区党委、自治区人民政府通报"，并"将实施乡村振兴战略实绩考核纳入地州市、县（市、区）党委、政府领导班子及相关厅局领导班子年度（绩效）考核，考核（绩效）结果由自治区党委组织部作为培养、选拔、奖惩干部的重要依据"。[②]

---

① 参见宣晓伟《当前农村人居环境整治工作值得重视的困难和问题》，国务院发展研究中心调查研究报告（第 258 号，总第 6002 号），2020 年 10 月。
② 参见《自治区实施乡村振兴战略实绩考核暂行办法》《自治区 2019 年实施乡村振兴战略实绩考核实施细则》，自治区党委农村工作领导小组办公室，2019 年。

　　然而，在实际考核过程中，考核工作主要依据各地上报的材料，从考核结果来看，各地得分相差其实并不大。而且，尽管农村人居环境整治工作是实施乡村振兴战略考核的重要组成部分，实施乡村振兴战略考核是自治区对各地州市综合考核的组成部分，但是这个针对地州市的综合考核还包括脱贫攻坚、社会稳定等其他重要内容，因此农村人居环境整治工作的考核工作对各地州市农村人居环境整治工作的开展能够起到的激励约束作用较为有限。

　　与此同时，虽然在自治区层面对各地农村人居环境整治工作的推进，经常采取调度、现场会、督导和检查等方式，但调度主要依靠各地层层上报材料，报上来的数据的准确性难以得到有效保证；督导检查也主要是临时性、短期性的，不可能有大量人力和物力在地方经常开展检查。因此，尽管在农村人居环境整治工作中一直强调要层层压实责任，要求强化市县主体责任，按照五级书记抓乡村振兴的要求，把农村人居环境整治作为"一把手"工程来抓①，然而在现实中，通过各种"从上到下"的调度、考核、督导检查等机制，无法对地方推进农村人居环境整治工作的情况有全面、清晰的掌握，难以对各地推进农村人居环境整治工作形成实质性的激励和约束。

---

① 参见《农业农村部　国家发展改革委　财政部　生态环境部　住房城乡建设部　国家卫生健康委关于抓好大检查发现问题整改扎实推进农村人居环境整治的通知》（农社发〔2020〕2号），2020年3月17日。

第三章

完善新疆农村人居环境整治工作的
政策建议

　　进一步完善新疆农村人居环境整治工作，要根据党中央、国务院的决策部署，把改善农村人居环境作为实施乡村振兴战略的重要内容，全面推广浙江经验，扎实推进自治区"千万工程"，结合实际、科学谋划、分类施策、同步推进，以农村"厕所革命"、农村生活污水治理、农村生活垃圾治理、村容村貌提升、村庄规划管理、管护机制建设为重点，巩固拓展农村人居环境整治三年行动成果，全面提升农村人居环境质量，为全面推进乡村振兴、加快农业农村现代化、建设美丽新疆提供有力支撑。

一、进一步提高认识、明确要求、强化责任

农村人居环境整治工作关系乡村振兴的基础，工作内容繁杂、覆盖范围广、涉及部门多，需要各地各部门统筹发力、真抓实干、久久为功。一要强化政策理论学习培训，通过领导班子中心组学习、集中轮训、干部宣讲、流动课堂等方式，让各级领导干部尤其是基层干部、广大群众加深对国家、自治区相关政策和工作部署的理解，从思想上、认识上、行动上重视农村人居环境整治工作，正确把握近期和远期目标任务、工作要求，因地制宜地开展工作。二要强化工作指导，自治区有关部门要根据任务分工加强督促指导力度，特别是要聚焦自治区"千万工程"确定的重点任务、社会关切的突出问题，及时跟进调查、认真研究解决，做到有的放矢，为新疆深入推进农村人居环境整治工作提供良策。三要强化考核结果运用，发挥好考核的指挥棒和风向标作用，出台自治区农村人居环境整治工作考核办法，及时通报表彰、奖罚优劣，切实把各级领导班子和干部的注意力、兴奋点凝聚到贯彻落实国家和自治区决策部署上来，确保农村人居环境整治工作落细、落实、落地。

二、坚持"一张蓝图干到底"，统筹推进乡村建设

要坚持规划先行，突出统筹推进。树立系统观念，先规划后建设，以县域为单位统筹推进农村人居环境整治提升，做到重点突破与综合整治、示范带动与整体推进相结合，合理安排建设时序，实现农村人居环

境整治提升与公共基础设施改善、乡村产业发展、乡风文明进步等互促互进。

一是抓好县域和乡镇的空间布局规划。县域和乡镇的国土空间规划在时间上要结合乡村振兴战略规划和农村人居环境整治工作目标任务的需要，靠前推动和部署。在规划内容上，对标新要求，明确各地在以往国土空间规划的基础上进行适当的修改补充完善，减少重复规划造成的人力、财力和时间上的浪费。要围绕经济现状、人口流动、资源调配、产业发展等因素充分研究论证村庄发展趋势，因地制宜加快确定村庄整治类型。二是村庄规划必须着眼于中长期发展的需要，依照修编完善的县乡国土空间规划，在原有村庄规划的基础上，科学修编详细的村庄建设规划。要强调村民参与，尊重村民意愿和风俗习惯，确保村民易懂。要尊重村庄建设现状，尽量在现有基础上进行布局规划，确保村委、村民能用。县级政府要切实担负起主体责任，提供必要经费保障，鼓励有条件的地方设置乡村建设管理机构，对乡村规划建设进行统抓统管，确保县统筹、镇村负责实施。三是将规划落实情况作为考核县乡领导干部工作实绩的重要依据，确保一次规划、从容建设。

三、规范完善农户改厕、污水处理等相关标准、技术和产品

农村"厕所革命"和生活污水治理是改善农村卫生条件、提高农民生活品质的重点工作，也是农村人居环境整治工作中的突出短板。应尽快制定农村户厕建设规范和污水处理标准，进一步明确"千万工程"中涉及卫

生厕所和污水处理的要求，确保农村户厕建设和污水处理工作不刮风、不跑偏、不加码、不劳民。要根据国家和新疆相关要求，对各地探索推进的农村户厕建设和污水处理模式进行全面摸排，认真分析比对，改进不足，形成一批务实管用、农民可接受的范例，指导村庄选择适合自身发展和农民意愿的改厕模式和技术。

新疆相关部门要围绕农村人居环境整治重点任务，积极争取国家层面的专家队伍支持，加快出台相关技术标准、规范和导则，加大科技研发力度，着力破除关键技术"瓶颈"。鼓励科研院校、企业研发适合农村实际、老百姓乐见乐用的改善人居环境新技术、新产品，引导各地结合实际提出适宜的建设模式，有效解决建设运行难题。

四、完善投入保障机制，发挥政府引导作用

农村人居环境整治工作资金需求大，亟须完善投入保障机制，要借鉴脱贫攻坚经验，加强资金项目整合，加快出台一些赋予县市更多自主权的指导性意见和政策，鼓励工商资本参与农村公共项目运营管护，便于基层合理依规开展工作。要更好地发挥财政政策的激励作用，出台自治区农村人居环境整治工作奖补办法，为基层主动谋事干事增添动力。进一步聚焦资金项目的支持方向和实施范围，制定新疆农村人居环境整治项目目录，合理保障农村人居环境基础设施建设和项目运行，及时公开项目实施情况，接受社会监督。

要积极创设优惠政策，有效探索建、管、护经费筹集分担机制，形成国家投入、自治区财政补助、对口援疆省市援助、社会资本参与的农村人居

环境整治资金投入体系。进一步明确地方财政支出责任，建立以地县为主、自治区财政适当补助的政府投入机制，允许县级政府按照规定统筹整合相关资金，将资金集中用于农村人居环境整治工作。鼓励社会力量积极参与，将农村人居环境整治与乡村旅游发展等有机结合。要尽快制定社会资本参与农村人居环境整治的项目清单，有序引导社会力量参与农村人居环境设施建设和运行管护。

要统筹新疆城乡发展资源，做实政府投资运营主体和市场经营主体，吸引社会力量共同参与乡村建设，为乡村振兴和农村人居环境整治工作的推进提供保障。鼓励社会力量与乡镇政府或村集体经济合作组织开展管护合作，聘用村民参与管护。加大投融资力度，支持收益较好、实行市场化运作的农村基础设施重点项目开展股权和债权融资。积极引导相关部门、社会组织、个人通过捐资捐物、结对帮扶等形式，支持农村人居环境整治工作。

五、加强工作指导、经验总结和推广示范

要坚决落实五级书记抓乡村振兴的要求，把改善农村人居环境作为实施乡村振兴战略的重要内容。各地州市党委切实负起责任，做好上下衔接、域内协调和督促检查等工作，县市、乡镇党委、政府和村两委要把推进自治区"千万工程"列入重要工作议事日程，切实抓紧抓细抓实。各级党委农办、农业农村部门要发挥好牵头抓总、统筹协调作用，相关部门加强协同配合，完善投入机制，创新扶持政策，健全长效机制，形成强大合力，确保自治区"千万工程"顺利推进。

自治区对地县推进"千万工程"进展情况定期开展督促检查，每年组织开展农村人居环境整治工作评估，实行季调度、季通报和末位约谈制度，对农村人居环境整治成效明显的县市给予表彰。要加强对各地州市农村人居环境整治工作档案编制的指导，厘清各项指标数据的定义和范围，切实提高各地州市上报数据的真实性和准确性。要针对农村人居环境整治工作的重点和难点领域进行专项督导，抓住"厕所革命"、农村污水处理等短板，建立有效易行的考核指标，通过督导抓落实。要总结示范点的经验，形成可复制、可学习、可推广的成功做法和模式，分片召开现场推进会，及时在全疆进行推广。

六、重视宣传工作，充分调动群众主动参与的积极性

要制定"千万工程"指导手册，以通俗易懂的方式对国家、新疆农村人居环境整治工作要求、重点任务、建设标准、责任时限、扶持政策等进行解读，让广大基层干部和群众真正学懂弄通农村人居环境整治工作，引导大家在学中干、在干中学。要充分利用好传统媒体和新媒体，大力宣传推广各地典型经验做法，把"访惠聚"驻村工作队、下沉结亲干部、村干部、党员队伍、群团组织等发动起来，正确引导舆论，形成全社会共同推进农村人居环境整治工作的强大声势和浓厚氛围。

进一步完善村规民约，明确村民维护村庄环境的权利和义务，实行"门前三包"制度，定期组织监督检查，推动形成民建、民管、民享的长效机制，切实增强村民的自觉性、主动性，确保村容村貌干净整洁，激励引导村民培养良好卫生意识和文明生活习惯。积极组织开展形式多样、内容丰

富的公益宣传活动，引导村民转变观念，增强村民改善和维护农村人居环境的责任感和主动性，不断提高村民自我服务、自我管理、自我约束的能力，培育村民关心环境卫生的新风尚。

第四章

新疆各地农村人居环境整治工作

　　根据新疆农村人居环境整治工作领导小组的要求和安排，由新疆党委农办和农业农村厅、卫健委、生态环境厅、住建厅分别牵头，组成四个督导小组，分赴各地州市开展农村人居环境整治工作专项调研和督导。各调研督导小组采取听取汇报、座谈交流和调阅资料等方式了解各地相关工作的最新进展，并对各地农村人居环境整治工作进行了实地调研和督导。

　　总体来看，各地州市党委和政府高度重视农村人居环境整治工作，各项工作安排到位、推进有力、社会参与积极，各地州市都掀起了改善农村人居环境的热潮，各级党委、政府和群众对改善农村生产生活环境、增强乡村发展活力和吸引力有信心有决心，各地农村人居环境整治工作已经取得了积极的进展。

一、乌鲁木齐市农村人居环境整治工作

为深入贯彻落实中央关于改善农村人居环境的决策部署，根据自治区的工作安排，乌鲁木齐市委和市政府高度重视，立即组织安排，对乌鲁木齐市农村人居环境整治工作中"厕所革命"、农村垃圾治理及村庄规划编制和执行等重点方面开展了专题调研，了解乌鲁木齐市农村人居环境整治工作的开展情况。

（一）农村"厕所革命"

乌鲁木齐市 2019 年有乡镇 22 个，其中建制镇 8 个、乡 14 个，行政村174 个，农村人口 21.89 万人。乌鲁木齐市开展了农村卫生厕所的新建工作，已开工建设农村卫生户厕 9 493 户，新建农村公厕 44 座；累计建成卫生厕所 43 795 户、公厕 497 座，卫生厕所普及率达 65%。农村卫生户厕粪污处理方式主要有：自行清掏回田 17 221 户、占 32.9%，清掏队处理 4 630 户、占 8.8%，直排至污水处理设备 24 354 户、占 46.5%，其他方式 6 131 户、占 11.7%。其中直排至污水处理设备和自行清掏回田两种模式合计占79.4%，成为乌鲁木齐市农村卫生厕所粪污处理的主要方式。多年来，乌鲁木齐市农村改厕工作与"两居"（保障房和富民安居房）工程捆绑实施，统一规划、设计、建设，所建"两居"房全部建设有水冲式厕所。对乌鲁木齐市而言，农村"厕所革命"的重点工作是配套管网建设。为进一步推进乌鲁木齐市改厕工作，乌鲁木齐市农业农村局、卫生健康委员会邀请自治区专家对各区（县）、乡（镇）分管领导和工作骨干80余人进行了培训，指导各区（县）因地制宜，科学选择适宜的、群众愿意接受的改厕模式。同时，联合印发了《关于编制 2019 年乌鲁木齐市农村"厕所革命"实施方案的通知》，指导各区（县）编制改厕工作方案。

（二）推进农村生活垃圾治理

乌鲁木齐市对农村生活垃圾治理工作进一步提档升级，2019 年新建农村生活垃圾处理设施 31 座，累计建成 37 座；全市有 39 个行政村的生活垃圾进行分类处理，占全市行政村的比例为 22%；除个别偏远乡镇、村外，有 166 个行政村采用"户集、村收、乡镇转运、区（县）处理"模式，实现垃圾集中收集、做到有效处理，占全市行政村的比例为 95%，基本达到农村生活垃圾治理全覆盖。高新区（新市区）2019 年计划新建 22 个垃圾收集点，已完成工程量的 90%，22 个垃圾收集点安装及调试完成，14 个垃圾收集点外电接通，4 座车载液压站已更换调试完成。水磨沟区对 91 只垃圾船进行分批改造，3 吨 T 型垃圾船已更换为 0.5 吨密闭式垃圾箱 40 个，新增 240 升垃圾桶 25 个，配备保洁员 181 人。经开区（头屯河区）优化农村生活垃圾收运，7 个村配备专职保洁员共计 71 人、生活垃圾压缩车 1 辆、勾臂车 3 辆、240 升垃圾桶 317 个、新增垃圾箱 76 个。

（三）加强村庄规划管理

乌鲁木齐市集中组织开展了乡（镇）、村庄规划编制工作，全市 174 个行政村中有 130 个村庄完成了规划（另有 27 个村庄位于乌鲁木齐市中心城区城市总体规划覆盖范围内，5 个村庄为镇中村，12 个村庄为撤并村），实现了村庄规划全覆盖。乌鲁木齐市各区（县）已启动了村庄规划修编工作，高新区（新市区）投入 330 万元，对一镇两乡 11 个行政村、33 个居民点进行规划设计。达坂城区在完成 16 个村庄规划的基础上，启动了余下 6 个村庄的规划编制工作。

（四）存在的主要问题

一是有的区（县）重视程度不够，农村人居环境整治工作进展不一致。从实际情况看，大多数区（县）高度重视，已形成声势、全面推开，并取得了实际成果。但个别区（县）仍停留在一般性工作部署上，有一定基础的村、容易干的村的工作推进较快，基础差、难度大的村的工作进展较为缓慢。

二是组织发动群众的积极性不高。农村人居环境整治工作在发动群众、教育群众方面的实招和点子不多，群众参与的积极主动性不够，没有形成常态化的体制机制；在每月的环境卫生"大扫除日"，乡镇、村干部参与的多，老百姓参与的少。

三是农村"厕所革命"进展相对缓慢。"厕所革命"是农村人居环境整治工作的重点和难点，各区（县）也想同生活污水治理一并解决，但受投资量大、资金不足等因素影响，短期内难以同步全面实施。在无害化卫生厕所的改建工作方面，前期还未形成较为成功的应用，导致有些区（县）停留在改厕模式选择上，等待、观望情绪较浓。

（五）工作建议

在乌鲁木齐市部分区（县）"千村示范"和"厕所革命"项目资金使用过程中，提出以下建议：

一是示范村奖补资金经区（县）农村人居环境整治工作推进协调小组研究同意后，在区（县）县域示范村范围内调配集中使用。

二是农村户厕改造每户补贴 600 元资金，在完成户厕改造的前提下经区（县）农村人居环境整治工作推进协调小组研究同意后，整合用于管网设施建设等方面。

二、克拉玛依市农村人居环境整治工作

克拉玛依市委、市政府紧密团结和依靠全市各族干部群众，抓住实施乡村振兴战略的机遇，深入学习浙江"千万工程"经验，全面推进农村生活垃圾治理、厕所粪污治理、生活污水治理、改善村容村貌、村庄建设规划、完善管理体制机制等农村人居环境整治工作的重点任务。

（一）农村人居环境整治工作进展

克拉玛依市 2019 年下辖 4 个行政区，涉及农村的有克拉玛依区、乌尔禾区 2 个区，共 5 个行政村、736 户，农村人口 2 330 人。克拉玛依市的农村区域已实现水、电、气、光纤、硬化道路全覆盖，环境卫生等一批基础设施基本健全，垃圾处理率达 100%，污水处理率达 100%，饮用水卫生合格率达 100%。

1. 组织管理

（1）组织领导：克拉玛依市出台了《克拉玛依市农村人居环境整治行动实施方案》，制定了《克拉玛依市学习浙江"千村示范、万村整治"工程经验推进农村人居环境整治工作方案》，成立了以市委书记为组长的乡村振兴工作领导小组，统筹推进；同时还成立了以担任市委常委的副市长为组长的农村人居环境整治领导小组；颁布了《克拉玛依市农村人居环境整治工作领导小组工作推进制度》《2019 年克拉玛依市农村人居环境整治工作要点》，将农村人居环境整治工作纳入市政府目标责任考核范围，作为区级干部政绩考核的重要内容，强化责任落实。在克拉玛依区、乌尔禾区分别成立以区委书记为组长的组织领导机构，区委书记、区长担任一线总指挥，切实将农村人居环境整治放在心上、抓在手上。

（2）工作实施：为强化落实责任，克拉玛依市制定了《克拉玛依市农村人居环境整治考核验收标准和管理办法》；在此基础上建立了农村人居环境整治重点工作运行大表，将工作任务和目标分解到各区政府及市各相关部门，坚持每周调度工作进展；组织深入一线开展调研和督导，召开市委常委会、政府党组会等专题会议和相关会议，听取工作汇报、研究解决重点难点问题，全面推进各项工作落实。农牧、住建、环保、水务等部门针对面源污染、垃圾治理、污水治理和河湖长制落实情况，每个月开展督查检查，并组织各区及市相关部门积极开展业务培训。市、区、乡（镇）、村层层建立了农村人居环境整治工作档案，全面加强了管理。

2. 资金投入

对标自治区农村人居环境整治的硬任务，结合克拉玛依市农村基础设施建设需求，编制了《克拉玛依市农村人居环境整治项目库》，投入农村人居环境整治项目资金 1.05 亿元，实施农村改厕、污水治理、饮用水水质提升等重点项目 44 个，解决了饮用水含氟高、生活污水处理、人畜分离等难点问题，农村环境卫生管护费用近 300 万元。

3. 整治成效

（1）农村生活垃圾治理情况：克拉玛依市全面建立了"户集、村收、乡转运、区处理"的农村生活垃圾收集清运处理管理模式，通过政府购买服务，由专业化单位定时、定点统一收集、清运农村生活垃圾并进行卫生填埋，逐步完善了生活垃圾收运处理体系，生活垃圾处理率达 100%，有效改善了克拉玛依市农村的生态环境。

（2）农村生活污水治理情况：克拉玛依市的农村生活污水治理设施已纳入城镇污水管网，实现了行政村全覆盖，无生活污水乱排乱放现象。小拐乡 3 个行政村采取地下管网集中氧化塘的方式处理生活污水，对氧化塘全部加装了净化设施，生活污水达到了《农村生活污水处理排放标准》（DB65 4275—2019）的要求。乌尔禾区城乡污水并网排放，完成污水处理厂提标改造工程。

（3）农村厕所改造情况：克拉玛依市的农村水冲厕所普及率已达 97%，其中乌尔禾镇水冲厕所覆盖率达 100%，新建、改造农村公共厕所 5 座，农村公厕实现行政村全覆盖；拆除旱厕 201 座，改造旱厕 5 座，新建居民家庭水冲式厕所 43 座。

（4）农业生产废弃物资源化利用情况：努力遏制农田地膜"白色污染"，实施地膜减量化行动，推进地膜回收利用体系建设，2019 年建成 3 个地膜回收站点和 1 座废旧地膜加工厂，组织回收地膜 4.8 万亩。加快推进人畜分离，新建改造牛羊集中养殖圈舍 31 座，克拉玛依市农村牲畜全部实现了养殖区集中养殖。

（5）村庄清洁行动持续推进村容村貌提升：克拉玛依市扎实推进"三清一改"工作，做到村庄内垃圾不乱堆乱放、污水不乱泼乱倒、粪污无明显暴露、房前屋后干净整洁，使群众生态环境保护意识、清洁卫生文明意识不断提高。各级农业农村部门牵头抓总，区、乡镇主要负责同志作为"一线总指挥"做好村庄清洁行动大动员、大督促、大检查；作为第一责任人的村党支部书记组织发动、集中整治、监督检查。形成全员上阵搞清洁的大好局面。各行政村通过悬挂横幅、发放宣传单、召开群众会等形式宣传村庄清洁行动，营造村村户户搞卫生的浓厚氛围。

（6）村庄规划编制情况：克拉玛依市已编制了《克拉玛依区小拐乡新农村发展与建设规划》《乌尔禾镇特色小镇建设规划》《乌尔禾镇特色小镇控制性详规》。相关规划覆盖了全部行政村。

（7）设施建设和管护机制情况：克拉玛依市已将各区、乡、村制定三级改善农村人居环境职责、定期组织专业化培训等建立农村人居环境管护长效机制工作纳入整治实施方案，进行重点督促。按照"城乡一体化"管理原则，克拉玛依市小拐乡、乌尔禾镇的生活垃圾处理、污水处理、园林绿化管理已实现由政府购买服务的专业化单位负责维护、运营和管理。建立了有制度、有标准、有队伍、有经费、有督查的农村人居环境管护长效机制。

（二）存在的主要问题

1. 农村污水集中处理水平有待提高

小拐乡小拐村、和谐村、团结新村虽然实施污水处理设施改造工程，实现了污水集中处理，但污水外排收集设施尚未完善，需要完善污水外排收集设施；小拐国营牧场在建设初期未建设污水集中收集管网，无集中处理设施，需进行污水管网改造，实现农村污水集中处理。

2．农田废旧地膜回收再利用工作难度较大

农田地膜回收再利用工作存在回收再利用技术不成熟、标准不明确、群众和相关企业积极性不高等问题。

（三）下一步打算和建议

1．深入学习浙江"千万工程"经验，扎实推进农村人居环境整治工作

认真贯彻落实中央和自治区农村人居环境整治行动的工作部署，尽快从规划示范转到全面推开上来，以更加有力的举措、更加扎实的行动，确保实现农村人居环境整治工作的行动目标。组织开展专题学习，加强舆论宣传和经验交流，发挥群众参与的积极性、主动性。

2．加强村镇建设规划管理

按照中央农办等五部委《关于统筹推进村庄规划工作的意见》要求，坚持区（县）域"一盘棋"，根据区级乡村振兴战略规划，坚持统筹规划、分类实施、简明易懂的原则，统筹考虑村庄建设、产业发展、基础设施建设、生态保护等用地需求，编制完成村庄建设规划并印发实施。加强乡村建设规划许可管理，建立乡村规划建设监管机制，确保村庄建设"一张蓝图绘到底"。

3．农村生活垃圾治理

制定《克拉玛依市农村生活垃圾治理三年实施方案》，积极争取国家和自治区农村环境综合整治、小城镇基础设施建设等项目资金，加快垃圾转运站、填埋场等设施建设，配齐垃圾收集、转运设施。落实"村收集、乡转运、区处理"的农村生活垃圾收集清运管理机制。强化乡村保洁队伍的

管理和垃圾收集清运的监督。推进"白色污染"治理和农药包装废弃物回收。健全市、区、乡（镇）、村、地膜使用者（农业生产经营组织）五级责任体系。组织农田地膜使用者回收和交售废旧农田地膜，严厉打击违法生产、销售和使用厚度及耐候期不达标地膜的行为。实施地膜减量化行动，开展农田地膜残留监测。

4．推进农村"厕所革命"

制定《克拉玛依市推进农村"厕所革命"专项行动工作方案》。积极争取国家和自治区旅游厕所项目支持，继续完善农村公共厕所、旅游厕所配套设施，建立管护机制，确保正常使用，并实行定位和信息发布。全面完成克拉玛依区小拐国营牧场公厕配套设施、小拐乡旱厕改造和乌尔禾镇旅游公厕建设。加强厕所工程的施工过程、质量、检查验收全程监督。

5．农村生活污水治理

制定《克拉玛依市农村生活污水治理专项行动方案》，加快推进小拐乡污水处理设施投入使用，新建处理后污水存储氧化塘，利用净化污水进行村庄绿化和农田灌溉。通过新建污水管网、设置污水处理设施及氧化塘，对小拐国营牧场的污水进行集中收集和处理，按照国家规定的排放标准排放。修复乌尔禾镇居民生活下水管线，加强农村渠道等农田水利工程的运行管理，对新出现的淤积渠道和淤积河塘等及时清理；严肃查处破坏、侵占、非法取水的行为。

6．改善村容村貌

编制《克拉玛依市改善村容村貌行动方案》。落实《全面做好自治区农村危房拆除工作的指导意见》，坚决遏制新增违法建设，依法拆除侵街占道、私搭乱建的违法建设,全面清理建筑垃圾。实施村庄绿化行动,以乡村"四旁"(村旁、宅旁、路旁、水旁)绿化为重点,明确目标任务和推进计划;利用"最美庭院"评选活动,鼓励农牧民利用房前屋后闲置土地发展小拱棚、特色种植、林果种植等庭院经济,对农户房前屋后生活垃圾、杂草、沟渠进行清理,院内种植果蔬、搭建苗圃,力争每户农家小院达到干净整洁的目标。

7. 农村畜禽粪污、秸秆等资源化利用

强化克拉玛依市畜禽养殖禁养区划定成果运用,加强《克拉玛依市加快推进畜禽养殖废弃物资源化利用实施方案》责任落实,监督指导推进方案实施。积极开展专项治理行动,开展技术指导,加强现有规模化畜禽养殖场(小区)废弃物资源化利用,规模养殖场实现粪便污水贮存、处理、利用设施全配套,散养密集区实现畜禽粪便污水分户收集、集中处理利用,稳步推进人畜分离、粪污等废弃物发酵还田和秸秆粉碎还田。

8. 完善建设、管护和运营机制

合理确定农村人居环境设施的投融资模式和运行管护模式,探索规模化、专业化、社会化运营机制。制定农村人居环境整治标准,促进农村人居环境各项工作规范化、常态化管理。进一步完善村规民约,明确村民维护村庄环境的责任和义务,实行"门前三包"制度,定期组织监督检查,推动形成民建、民管、民享的长效机制,培养良好卫生意识和文明生活习惯。结合美丽乡村建设、"美丽庭院"创建、文明示范户评比等,激励引导群众主动爱护和维护环境卫生。切实增强群众的自觉性、主动性,确保村庄常年保持干净、整洁、有序。

三、吐鲁番市农村人居环境整治工作

吐鲁番市紧紧围绕社会稳定和长治久安总目标，积极行动、统筹安排，在深入学习推广浙江"千万工程"经验的基础上，制定了《吐鲁番市农村人居环境整治三年行动实施方案》，以建设地绿、水净、安居、乐业、富裕的美丽宜居乡村为目标，以厕所改造、污水治理、农村垃圾治理和村容村貌提升为重点，扎实推进农村人居环境整治工作，农村面貌明显改善。

（一）农村人居环境整治工作进展

1. 基本信息

吐鲁番市位于新疆东部、天山南麓，含两县一区（高昌区、鄯善县、托克逊县），总面积为7万平方千米，2019年下辖12个乡、15个镇、3个农场、171个行政村、69个社区，总人口为69.71万人。

2. 组织管理

（1）完善机构，健全工作机制。一是成立吐鲁番市农村人居环境整治工作领导小组，由市政府分管领导担任组长，市直相关单位和区（县）人民政府为成员，形成工作合力，保障农村人居环境整治工作有序推进。二是定期召开工作例会，通报工作进展，沟通交流好的经验做法，及时解决存在的问题。对于相关工作被动、落实不到位、思想不重视的单位进行通报批评。

（2）加大宣传力度，营造浓厚氛围。充分调动村民积极性、引导村民主动参与农村人居环境整治工作。一是发挥爱国卫生运动委员会等组织作用，鼓励群众讲卫生、除陋习，摒弃乱扔、乱吐、乱贴等不文明行为。二是通过干部住户入户，宣传现代文明生活理念，提高群众文明卫生意识，引导群众改变不良生活习惯。三是利用升国旗以及在乡镇政府、社区、村委会等人员集中场所发放宣传单等形式，大力开展宣传活动。四是开展村庄绿化工程，从学校和村级做起，开展植树种草，亮化、美化环境。

（3）政府主导，宏观把控。坚持政府为主导、统筹协调，多方筹措资金，整体把握农村人居环境整治工作，将农村生活垃圾治理、污水治理和村容村貌建设与美丽乡村建设结合起来，与乡村旅游、休闲观光园、庭院经济建设结合起来，推进农村人居环境整治与生产发展、增收致富同步拓展。

（4）规划先行，突出地域特色。在美丽乡村（特色小镇）建设中注重保护传承传统历史文化，突出地域特色风貌，反映吐鲁番文化特色，与历史文化名城、名街保护规划相衔接，推动美丽吐鲁番的建设。突出吐鲁番地域文化特点，全力做好规划设计工作，不断强化建设规划管控，做到"没有规划不动一砖一瓦"。

3．资金投入

为缓解资金压力、拓展融资渠道，吐鲁番市采取"县级扶持一点、乡镇政府补贴一点、村里出一点、群众担一点"的多元化投入保障机制，为农村人居环境整治工作长期开展提供资金保障，有效化解资金不足的困境。一方面，通过争取农村环境连片整治项目、地膜回收示范县项目等的资金，开展农村生活垃圾整治。另一方面，通过吸引社会资本参与设施建设和管护，积极引进社会资本。与新疆交建集团、特变电工等大型建设投资实体开展 PPP 模式合作，参与美丽乡村、特色小镇建设和农村人居环境整治等。

4. 整治工作成效

（1）农村生活垃圾治理情况：按照自治区"环保优先、生态立区"和《自治区农村生活垃圾处理设施建设规划》的要求，采取集中连片与分散治理相结合的方式。吐鲁番市对 25 个乡镇 132 个行政村实施了农村人居环境整治工作，重点开展农村生活垃圾收集，共配备垃圾收集桶（箱）14 203 个，建设垃圾转运站（池）391 个，配备垃圾转运车 75 辆，年清理垃圾 20 万吨左右。坚持从实际出发，科学合理选择农村生活垃圾处理模式，邻近乡镇的村庄采取"户集中、村收集、县转运处理"模式，垃圾就近运至填埋场进行无害化处理。离垃圾填埋场 30 千米以外、交通不便的村庄采取"户集中、村收集、乡（镇）转运处理"的模式，尽量做到无害化、避免二次污染。

（2）农村生活污水治理情况：根据各乡（镇、场）的实际情况，积极推广低成本、低能耗、易维护和高效率的污水处理技术，引导村民树立节水意识。采取城镇周边村庄生活污水纳入城镇污水处理管网的处理方式，高昌区率先将葡萄沟街道①、葡萄镇农村污水纳入城镇污水处理管网；鄯善县新建污水处理厂 1 座，占地面积为 17 054 平方米，日处理污水能力为 1 万立方米，项目主要用于县城及周边乡镇污水处理。

（3）农村厕所改造情况：以建设美丽宜居村庄为目标，以整治农村厕所"脏乱差"为主攻方向，由各乡级政府、村委会牵头，因地制宜、因村施策，科学推进改厕工作。高昌区农村常住人口为 179 305 人，有厕所 45 090 座，其中水冲式卫生厕所 2 677 座、占总数的 6.0%，旱厕 41 595 座、占总数的 92.2%；无厕所 868 户、占总数的 1.8%。鄯善县完成改厕农村户数

---

① 葡萄沟街道原是农村地区，后设立景区管委会（2004 年），2008 年成立街道，隶属高昌区。

为 3 425 户，建设公厕 88 座、旅游厕所 4 座。托克逊县完成改厕 12 464 户，其中改成卫生旱厕 5 612 户，改成无害化卫生厕所 940 户，各村建成公共厕所 106 座。

（4）开展村庄清洁行动、提升村容村貌：针对村庄农户房前屋后和村巷道柴草杂物、积存垃圾、塑料袋等"白色垃圾"、河岸垃圾、沿村公路和村道沿线散落垃圾等开展专项清洁行动，重点解决生活垃圾乱堆乱放等问题。按照属地管理的原则，各村把搞好辖区内环境卫生综合整治作为大事来抓，认真研究落实工作目标责任制，将村庄环境卫生综合整治工作的目标任务进行量化分解，分工落实，各包村领导、村干部包干到具体地段、具体区域和村组，实行包干负责到人。制定乡镇环境卫生管理办法并将环境综合整治工作列入村级年度目标考核，实行一票否决。

（5）村庄规划编制情况：吐鲁番市合理确定乡村建设规划目标，对乡村体系、用地、重要基础设施和公共服务设施建设、风貌、村庄整治等作出规划和安排。以县域乡村建设规划为指导，在评估现有村庄规划实施的基础上，以农房建设、村庄整治、脱贫攻坚、基础设施提档升级项目为主要内容，推进实用性村庄规划编制和实施，进一步实现村庄规划管理全覆盖。高昌区以城市总体规划修编为契机，对所辖 56 个行政村的村庄建设规划进行了编制；鄯善县已有 67 个行政村进行了规划编制。

（6）完善建设和管护机制：进一步明确县、乡、村三级改善农村人居环境的职责任务，充分发挥乡（镇、场）政府主体责任，健全完善乡镇规划建设管理机构和人员，推动农村生活垃圾、厕所粪污、生活污水处理和改善村容村貌等的专业化维护、规范化管理、精细化服务，逐步建立有制度、有标准、有队伍、有经费、有督查的农村人居环境管护长效机制。

鄯善县有 36 个行政村将农村人居环境整治纳入村规民约，按服务人口 2‰～3‰的标准配备村庄保洁员，充分利用村务公开、"一事一议"等制度，引导和组织村民通过投工投劳等形式，参与村庄生活垃圾分类、收集、清运和处置等工作。

（二）存在的主要问题

1. 统筹协调力度不够，农村人居环境整治投入资金不足

有的县、乡部门对城乡人居环境提升的重大意义认识还不到位，部门协调配合、主动作为、统筹推进还不够。由于地方财政资金紧张，生活垃圾转运站等设施建设欠账多，农村卫生厕所建设进展缓慢，农村生活污水治理投入不足，影响相关工作的整体推进。

2. 农村人居环境整治的体制机制有待健全

农村人居环境整治的管理体制机制尚不健全，制度落实不到位，保洁队伍和设备配备不足，未形成长效管理，卫生"脏乱差"反弹和焚烧垃圾等现象时有发生。

3. 群众主体作用不明显，宣传组织发动不到位

虽然广大群众迫切渴望有良好的生活环境，但群众在农村环境卫生整治、拆违治违等工作中的参与程度有待提高，主动投劳出资参与农村环境卫生综合整治的积极性不高。

4. 村庄绿化覆盖率低、重栽轻管现象依然存在

由于水资源匮乏，村庄绿化存在面积小、覆盖率低等问题，同时换土、施肥、浇水等管护不到位，树木长势差、缺株死株的现象比较普遍。

（三）下一步打算和建议

1．强化宣传引导，充分发挥群众的主体作用

农村人居环境整治工作涉及面广，只有充分调动广大群众参与改善自身环境的积极性，才能全面有效推动工作。要利用标语、会议、电视、手机报等载体和召开"户长会"等形式，宣传动员村民积极参与人居环境提升行动。积极发挥共青团、妇联等群团组织的桥梁和纽带作用，教育引导村民转变生活方式，引导群众支持并参与改善农村人居环境工作。

2．积极申请项目资金，加快推进农村人居环境整治工作

"治脏、治乱、治污"是农村人居环境整治工作的目标之一，农村垃圾治理、厕所改造、污水治理、村容村貌提升是农村人居环境整治工作的重点任务。资金投入和项目支撑是农村人居环境整治工作推进中的"难点"和"痛点"。乡村污水处理覆盖率低，建设资金缺乏是最大的"瓶颈"。要积极探索引入市场机制，通过 PPP 模式引入社会资金，社会资金参与农村生活垃圾、污水处理设施的建设和运营，加快农村基础设施和公共服务设施建设。

3．加强探索实践，完善长效工作机制

一是结合地方特点，不断探索和实践适合本地农村人居环境整治工作的办法和措施，如对乡镇垃圾处理设施资金缺乏的问题，可先建设投资小、见效快的一体式生活垃圾热解站，重点实现垃圾的无害化处理。二是实行部门挂点包保。县级各部门要积极争取资金、项目、技术等方面的扶持，帮助解决村庄环境"脏乱差"问题。三是县、乡两级加大投入，实行以奖代补等方式，保障垃圾清运和环境保洁经费投入，真正落实好村庄保洁员

和农村垃圾收费制度，实现农村环境卫生综合整治的常态化。

4．坚持科学谋划、分类指导

按照改善农村人居环境的总体要求，有序推进农村人居环境治理；坚持群众主体、尊重群众意愿，保障群众决策权、参与权和监督权，广泛动员群众参与农村人居环境整治工作的各项活动。

5．加快提升村容村貌

开展乡村公共空间和农户庭院环境整治，稳步推进农村危房拆除工作，加强农房特色风貌管理，确保新建、改扩建以及改造加固农房体现时代风貌、地域特色。开展乡村绿化美化工程试点和造林专业合作社试点工作，打造绿色生态村庄。实施乡村通沥青（水泥）路和硬化路工程，有条件的行政村硬化路通到村民家门口，建设完善村庄道路照明等配套公共设施。

四、哈密市农村人居环境整治工作

哈密市依照中央和自治区有关开展农村人居环境整治的精神和要求，确定了哈密市农村人居环境整治工作的目标任务、责任部门、资金筹措方案、群众参与机制，统筹安排全市农村人居环境整治工作。各相关部门（单位）严格按照实施方案要求和职能分工，充分发挥部门优势，整合政策、资金、项目，全力推进农村人居环境整治工作。

（一）农村人居环境整治工作进展

1．基本信息

哈密市总面积为 14.21 万平方千米，辖伊州区、巴里坤哈萨克自治县

（以下简称"巴里坤县"）和伊吾县。2019 年哈密市有 37 个乡镇（23 个乡、14 个镇，不含开发区）、169 个行政村，哈密市有农牧民 5.06 万户、19.39 万人。

2．组织管理

（1）完成方案编制。制定市本级和各区县农村人居环境整治三年行动实施方案，颁布哈密市农村人居环境整治年度工作方案，明确各项重点任务的责任分工，并将农村人居环境整治工作列入哈密市乡村振兴战略绩效考核，对市直相关部门和区县政府进行考核。

（2）健全工作机制，强化贯彻落实。在市本级和各区县深入学习浙江"千万工程"经验，根据中央、自治区相关会议精神对哈密市的农村人居环境整治工作进行安排部署，市本级和各区县均成立了相应的农村人居环境整治推进协调小组，确定相关的责任部门和领导推动此项工作。

3．资金投入

哈密市 2019 年投入市本级财政资金 1 215.8 万元专项用于农村人居环境整治行动，同比增长 48.12%，推动了全市污水处理摸底调查、49 座污水处理站和 96 千米收集管网建设、1 000 户农村户厕改造、404 户生态移民（易地扶贫搬迁）、3.3 万户"两居房"建设等农村生活垃圾、污水处理、农村厕所改造和改善村容村貌等任务。

4．整治工作成效

（1）农村生活垃圾治理：依据《新疆维吾尔自治区农村生活垃圾处理设施建设规划（2015—2020 年)》《自治区农村生活垃圾处理设施建设标准（试行)》要求，哈密市编制完成一区两县农村生活垃圾处理设施建设规划，全市有 84 个行政村购置配备了环卫车辆及设施，重点整治垃圾围村、垃圾堆渠、工业污染"上山下乡"现象，构建哈密市生活垃圾保洁、清扫分拣、投放收集、运输中转、集中处理、回收利用全覆盖等城乡垃圾处理一体化格局，逐步推进全市城乡"环卫一体化"建设。

（2）农村"厕所革命"：结合生态环境保护、和谐美丽乡村建设和农村安居工程建设，以改造环保公厕、升级旱厕为重点，加大农村改厕工作力度，提高农村卫生厕所普及率。开展农村旱厕适用技术调研工作，会同设计单位研究制定改进农村旱厕方案，确保农村改厕工作顺利推进。已建成卫生厕所 4.67 万座（其中中央农村改厕项目新建 1.58 万座）、普及率为61.41%；已建成无害化厕所 4.52 万座、普及率为 59.4%；农村公共厕所336 座（其中水冲式无害化厕所 86 座、占 25.6%，旱厕 250 座、占 74.4%）。

（3）农村生活污水治理：全市农村共建设污水处理站 49 座。其中伊州区将 56 个行政村纳入农村环境整治示范区，直接受益人口达 6.65 万人；18 个乡镇共建设污水处理站 28 座，污水处理率达 80%；巴里坤县实施农村环境综合整治项目 12 个，30 个行政村先后实施了农村环境连片整治示范项目及生活污水治理工程，修建日处理能力 100～400 立方米的污水处理设施 5 座；伊吾县有 30 个行政村实施了农村环境连片整治项目，建成农村生活污水处理站 16 座，生活污水集中收集处理的村庄达 30 个，农村污水集中处理率达 90%。

（4）改善村容村貌：推进各项环境卫生整治工作，利用每年 4 月爱国卫生月和每月 20 日"创城日"活动，持续开展以农村"脏乱差"整治为重点的城乡环境卫生整洁行动，农村村容村貌得到改观，群众参与环境卫生整治工作的积极性明显提高。

（5）加强村庄规划管理：严格按照"多规合一"要求，依据城市总体规划，结合美丽乡村建设，对已编制完成的区县乡村规划进行修改完善，确保与县、乡两级土地利用总体规划、土地整治规划、村土地利用规划、农村建设规划等充分衔接。健全完善对违法违章建设的日常巡查制度和群众举报制度，坚决反对随意性、任意改变规划，确保各类建设按图依规。

（二）存在的主要问题

（1）重视程度不高，群众参与程度低。部分领导干部对农村人居环境整治工作的重要性、长期性和艰巨性认识不足，责任感和紧迫感不强，积极性和主动性不够。有些职能部门认为此项工作和自己关系不大，是牵头部门的事，工作上存在"上紧下松""上热下凉"的现象。宣传力度不够，群众参与农村人居环境整治的积极性有待提高。

（2）农村生活垃圾种类多、数量大，简易填埋难以达到无害化处理的要求。新疆地广人稀、垃圾收储转运费用高，建成的生活垃圾处理模式需要政府持续投入和保障运维，地方财政压力大。

（3）改厕工作任务重，已建项目缺乏专业维护。各级财政投入资金不足，农村户厕改造进展缓慢。技术支撑缺乏、卫生厕所的无害化难以保障，配套设施建设滞后，农村无害化厕所的管理养护机制尚未建立，运行不正常、不稳定等，作用发挥不明显。

（三）下一步打算和建议

1. 农村生活垃圾治理

依据《新疆维吾尔自治区农村生活垃圾处理设施建设规划（2015—2020年）》评估成果，严格落实《自治区农村生活垃圾治理三年实施方案》，确保15个乡镇和60个行政村完成生活垃圾治理任务。编制区县实施方案，科学确定完成指标、年度计划和具体要求，有序推进农村生活垃圾专项整治工作。根据自治区《农村生活垃圾分类、收运和处理项目建设标准》、《哈密市城乡生活垃圾处理设施建设规划》，修订农村生活垃圾处理设施建设规划和城市环境卫生专项规划，进一步确定垃圾处理设施布局、规模、用地和垃圾收运体系建设内容。

2．推进农村"厕所革命"

制定《哈密市关于推进农村"厕所革命"专项行动的实施意见》。编制县、乡两级具体工作方案，科学确定完成指标、年度计划和具体要求，组织各区县开展农村改厕情况调查，以县域为单位摸清农村户用厕所、公共厕所、旅游厕所的数量、类型、布点和模式等信息，建立专门台账。研究制定农村改厕标准和相关规范，各区县结合乡村实际情况和客观条件，推广简单实用、成本适中、群众能够接受的农村旱厕改造模式，总结推广农村改厕典型范例，组织开展乡村星级公共厕所、最美厕所、文明卫生清洁户等多种形式的评选活动。

3．农村生活污水治理

制定《哈密市农村生活污水治理专项行动方案》，县、乡两级编制具体工作方案，合理确定目标任务和建设模式，因地制宜梯次推进，东天山保护区内的集中居住村庄优先推进。制定并实施符合哈密市不同地域实际的农村生活污水处理排放标准。争取国家资金支持，加大污水处理设施、配套管网等工程建设，提升农村生活污水处理基础设施水平。将农村水环境治理纳入河长制、湖长制管理，加强农田水利工程运行管理，对新出现的淤积渠道和淤积河塘等及时清理。

4．改善村容村貌

制定《哈密市改善村容村貌行动实施方案》，明确责任主体和主要任务，县、乡两级编制行动方案，有序推进村容村貌提升。印发《哈密市农村人居环境整治村庄清洁行动实施方案》，在全市范围内实施村庄清洁行动，重点做到"三清一改"，着力解决村庄环境"脏乱差"问题。做好乡村绿化美化工作。科学指导乡村"四旁"绿化，积极改善乡村自然生态环境。鼓励群众利用房前屋后闲置土地发展小拱棚、特色种植、林果种植等，提升生态效益，探索建立村庄公共空间和农村庭院环境整治长效机制。

5．完善建设和管护机制

创新农村基础设施投入运营长效机制，完善农村基础设施建设运营机制，着重从设施配备、经验总结、队伍建立、监督管理、资金保障等方面入手，创新农村基础设施和公共服务设施决策、投入、建设、运行管护机制，积极引导社会资本参与农村公益性基础设施建设。积极探索农村基础设施建设招标使用范围，针对一些小型工程项目，可探索村级组织和农村工匠建设管护机制。建立易维护、成本低的农村基础设施管理新模式。探索农村生活垃圾、生活污水处理农户付费制度试点，积极推进"财政补贴与农户付费合理分担"机制。

6．加强村庄规划管理

因地制宜编制实用性村庄建设规划。按照"多规合一"的有关要求，统筹考虑村庄建设、产业发展、基础设施建设、生态保护等用地需求，做好国土空间规划的编制工作。合理确定乡村建设规划目标，对乡村体系、用地、重要基础设施和公共服务设施建设、风貌、村庄整治等作出安排。实现村庄规划管理全覆盖，推行由乡镇政府组织领导、村委会发挥主体作用、技术单位指导的村庄规划。依据法律法规进一步加强乡镇政府乡村规划建设管理职责，健全乡村规划管理机构，科学指导村庄建设项目实施，加大村庄规划的宣传力度，让群众认知规划、理解规划、支持规划、自觉维护规划。

五、昌吉回族自治州农村人居环境整治工作

改善农村人居环境是党中央从战略和全局高度作出的重大决策，是实施乡村振兴的首要任务。按照自治区党委和政府的工作部署，昌吉州农村人居环境整治工作推进协调小组办公室会同昌吉州卫健委、住建局、自然资源局等部门，赴 7 个县（市）20 个乡镇 44 个村庄，针对"厕所革命"、垃圾治理、村庄规划等农村人居环境整治各项工作进行深入调研，了解相关的情况。

（一）农村"厕所革命"

1. 工作现状

昌吉州结合实际，制定了《昌吉州农村人居环境整治"厕所革命"专项行动工作方案》，提出确保全州农村卫生厕所普及率达 65% 以上、无害化卫生厕所普及率每年提高 10% 以上、全州新建改建农村厕所 9 万座的目标。采取政策引导、资金补助、规范标准、强化管理等措施，按照改造和新建相结合的方式，持续推进"厕所革命"。昌吉州 2019 年农村户籍人口 20.6 万户，常住户 12.3 万户，累计建有卫生户厕 53 610 户，卫生厕所普及率达 43.6%，其中水冲式 21 896 座、占 40.8%，双坑交替式 16 010 座、占

29.9%，单坑式 6 400 座、占 11.9%，三格化粪池式 5 112 座、占 9.5%，双瓮漏斗式 713 座、占 1.3%，其他 3 479 座、占 6.6%。昌吉州推进农村"厕所革命"所采取的主要措施如下。

（1）健全机构，强化资金保障。昌吉州成立了由副州长担任组长，农业、卫健、住建等七部门为成员单位的"厕所革命"专项组，昌吉州所辖各县（市）也成立了相应的"厕所革命"专项组，由县（市）常委或副市长担任组长，组建相应的专班抓改厕工作。昌吉州"厕所革命"专项组召开多次联席会议和工作例会，研究谋划推进农村"厕所革命"工作，解决改厕工作中的重点和难点问题。昌吉州争取到国家改厕项目资金 2 400 万元，每户补助 600 元，惠及农户 4 万户；争取到自治区文旅厅的旅游厕所专项资金 510 万元，每座厕所补助 10 万元。昌吉州财政拨付 1 900 万元改厕奖补专项资金，各县（市）均根据财力情况拿出每户 1 000～2 000 元奖补资金用于改厕，调动群众改厕积极性。

（2）摸清底数，了解改厕基本情况。组织专门力量，开展了全州农村改厕工作专项调查，全面摸清全州 444 个①行政村农村户厕、公厕、学校厕所、医疗机构厕所的类型、模式、数量和分布等基本情况，对 89 个自治区农村人居环境整治示范村情况进行全面排查，健全农村厕所统计工作台账。

（3）统筹谋划，科学部署改厕工作。认真学习借鉴浙江"千万工程"经验，研究谋划符合昌吉州实际的改厕方案，制定《昌吉州农村卫生户厕建设管理技术指南（试行）》《昌吉州 2019 年农村"厕所革命"财政资金奖补办法》《昌吉州"厕所革命"专项组成员单位工作职责分工》等系列文件，

---

① 昌吉州原有 472 个村，撤并后 2019 年为 444 个村。

建立相应的工作制度。昌吉州各县（市）紧紧围绕自身实际，分别制定各自的"厕所革命"实施方案，明确工作目标和任务，研究确定符合本地实际的改厕模式。

（4）加强改厕培训，科学选定改厕模式。昌吉州"厕所革命"专项组分县（市）举办了昌吉州"厕所革命"技能知识培训班，对州、县、乡、村四个层级的改厕管理和技术人员进行培训。县（市）结合实际，对乡村有针对性地开展技能知识培训，普及推广《农村户厕建设技术要求（试行）》和《新疆维吾尔自治区农村卫生户厕建设技术规程（试行）》。按照"宜水则水，宜旱则旱"的原则，在 35 个村建设了 150 个各种模式的农村户厕示范样板工程，组织干部群众观摩学习，使其直观了解各种改厕的类型、原理和造价等具体情况，供广大群众自行选定改厕模式。

（5）加强技术指导，严把改厕质量关口。昌吉州成立了由卫健、农业、住建、环保、市场监督等部门专业技术人员组成的自治州"厕所革命"专家组，各县（市）分别成立了相应的专家组，及时解决改厕技术问题。昌吉州市场监督部门组织深入厕所预制产品生产企业，了解掌握厕所产品生产工艺，监督检查产品质量，指导帮助企业按标准生产改厕产品，对无证无照违规生产销售改厕产品的经营行为进行跟踪查办。住建部门组织深入施工现场，帮助施工单位规范施工技术标准，加强施工质量监督，对发现质量问题的及时叫停，避免改厕走弯路造成的经济损失。

（6）加强健康教育普及，营造浓厚宣传氛围。利用国旗下宣讲、农牧民夜校、新媒体等多种宣传方式，开展健康教育知识普及，向广大群众讲清"厕所革命"在预防传染病、提高生活质量等方面的好处。积极采取乡干部包村、村干部包户等方式，深入村组，深入农户家中开展健康教育宣传，提高广大群众的卫生健康意识，引导广大群众转变思想观念，提高对卫生厕所重要性的认识，产生从"要我改厕"到"我要改厕"的转变。

2. 存在的问题

（1）传统观念转变难，群众参与热情不够。群众传统的生活卫生习惯是长期养成的，粪便无害化处理的新理念和新要求一时难以被群众接受，常被认为多此一举，有些村民对"厕所革命"带来的变化和好处了解不深入，可搞可不搞的想法依然存在。

（2）项目实施困难。按照实现卫生厕所普及率 65% 的要求，昌吉州应改厕户数为 9 万户，自治区财政下达资金量大、拨付晚、涉及面广，及时使用完毕存在困难。

（3）厕所预制产品质量有待提高。改厕市场对预制型改厕产品需求量大，但市场上预制型改厕产品鱼龙混杂，产品质量参差不齐，合格产品尤其是符合新疆实际需求的卫生旱厕坑（池）产品较少，难以满足需求。

3. 意见建议

（1）要充分发动群众。"厕所革命"的重点和难点是农户改厕，要切实坚持以群众为主体的原则，让群众不仅成为"厕所革命"的受益者，更要成为主要参与者。要加强宣传，通过电视、发放宣传资料、标语、专栏等方式多途径、多角度强化引导，让群众真正认识到改厕带来的好处，愿意接受并支持参与改厕工作。

（2）要稳中求进开展项目实施。按照 2019 年 8 月农业农村部在全国推进农村"厕所革命"视频会议上的要求，"厕所革命"要坚持一切从实际出发，遵循客观规律，符合群众的实际生活水平，不提超越发展阶段的目标，不简单地下指标、分任务。2019 年 9 月全国农村改厕暨贫困地区农村人居环境整治工作会议也指出"农村改厕要防止贪多求快，确保进度服从质量。坚持分类指导，防止'压指标''赶任务'"，要坚持稳中求进，进度服从质量。

（3）要加强预制型改厕产品监管。自治区要出台政策加大合格改厕产品生产企业扶持力度，在建厂生产、产品研发等方面给予支持。同时，加大对改厕产品的质量鉴定、市场监督管理等工作，进一步提高和规范改厕产品质量，为改厕工作保驾护航。

（二）农村生活垃圾治理

1. 工作现状

为贯彻落实国家住建部、自治区住建厅提出的农村生活垃圾 5 年专项治理目标的要求，2015 年编制了《昌吉州村镇生活垃圾处理设施建设规划（2015—2020 年）》，提出每年完成 20%的行政村垃圾专项治理的工作目标。昌吉州所辖 7 个县（市）、70 个乡镇、444 个行政村均建立了农村生活垃圾集运处置体系，实现农村生活垃圾治理全覆盖，其中 70%以上的村庄的垃圾得到了填埋处置等有效治理。各地推行"村收集、镇转运、县处理"和政府购买服务、引进保洁公司等多种模式的垃圾处理方式，形成了农村生活垃圾有效处理体系。采取的主要措施如下。

（1）明确工作目标，加强组织领导。结合《昌吉州村镇生活垃圾处理设施建设规划（2015—2020 年）》，2019 年制定了《昌吉州农村人居环境整治农村生活垃圾治理专项行动工作方案》，明确完成 13 个乡镇的 91 个行政村的生活垃圾治理工作，并对已整治的 57 个乡镇、381 个行政村进行查漏补缺和巩固提升的目标，成立了农村生活垃圾治理专项组，组建了工作专班，形成"州负总责、县市抓落实"的工作推进机制。将农村生活垃圾治理工作列入昌吉州人大评议的主要内容，通过人大评议的督导，进一步强化对农村生活垃圾治理工作的监督指导。

（2）加大资金投入，完善设施设备。昌吉州建立以县（市）财政为主导的多元化经费保障机制，按照"量力而行、尽力而为"的原则，县（市）财政拨付专门资金用于农村生活垃圾治理，确保垃圾处理各类设施设备正常运行和维护。全州已累计投入资金 5 379 万元用于配置垃圾设备、建立垃圾中转站及配备转运车辆、支付运维费等。州级财政拨付 556 万元专项资金，对 98 个实施垃圾治理项目的行政村进行补助，激励县（市）加大对农村生活垃圾治理的投入。

（3）探索完善治理模式，推动专业化管理。各县（市）按照自治区《农村生活垃圾分类、收运和处理项目建设标准》，结合自身实际创新完善农村生活垃圾的治理模式。城镇生活垃圾收运处理设施能够覆盖的村庄采用"村收集、县市转运处理"的模式；距离城镇垃圾处理场 20 千米范围内的乡镇、村庄将农村生活垃圾统一运至既有垃圾处理场集中处理；距离城镇垃圾处理场 20～50 千米范围内的乡镇、村庄通过垃圾中转站或垃圾压缩车直运的方式将农村生活垃圾统一运至城镇垃圾处理场集中处理，实现了城乡一体化的垃圾治理模式；距离城镇垃圾处理场 50 千米以外的乡镇、村庄和少数偏远村庄规划建设生活垃圾无害化处理设施，采取"户集、村收、乡镇处理（就近处理）"的模式。全州已有 13 个乡镇建立了环境卫生服务机构，267 个村配备了保洁员。积极探索农户付费机制，试点开展农村垃圾社会化运维管护服务的村有 137 个，占全州行政村的 30.8%。

（4）加强宣传引导，动员全民参与。昌吉州出台了《昌吉回族自治州乡村治理促进条例》，将农村生活垃圾治理写入条例，从立法层面为推进农村生活垃圾治理提供了依据。结合《昌吉回族自治州乡村治理促进条例》的宣传工作，印制农村生活垃圾治理宣传单，普及农村生活垃圾治理要求和垃圾分类等知识，完善村规民约，将农村垃圾治理纳入村规民约，落实"门前三包"，建立"美丽庭院"、流动红旗等一系列卫生评比制度，努力营造全社会关心、群众广泛参与农村生活垃圾治理工作的良好氛围。

（5）建立健全长效管理机制，持久保障整治效果。昌吉州建立了农村生活垃圾治理督查巡查机制、月报分析制度、检查验收制度，动态掌握各县（市）专项治理工作进展情况，并将农村生活垃圾治理纳入绩效考核重要内容。各县（市）完善了村规民约和村民参与制度、垃圾简易分类和资源回收、垃圾集中处理、环境卫生长效管理和督查考评等制度。部分县（市）还建立了"县级领导（单位）包乡镇、乡镇干部包村、村干部包组、组干部包户"的包干责任制度，并将相关职能部门纳入考核范畴。

2．存在的问题

（1）农村生活垃圾治理经费未列入县（市）财政预算，经费得不到保障，落实难度大。部分县（市）农村垃圾收集设施、转运车辆配备不足、更新困难，收集转运不及时，垃圾随地处置现象仍然存在。

（2）垃圾专项治理宣传力度不够，部分村民对垃圾减量和垃圾分类的具体做法和要求不清楚，集中收集、及时转运、定点处理垃圾的意识不强。田间地头仍存在生活垃圾、农作物秸秆露天焚烧等现象，部分已整治村庄出现反弹。

（3）农村生活垃圾治理长效机制落实不到位，部分村组未建立保洁员队伍，保洁员工资无经费来源。

（4）监督管理机制不完善。村庄生活垃圾治理不彻底，随手乱扔垃圾的现象依然存在，缺乏相关的制约机制。

3. 意见建议

（1）加快落实经费投入，保障农村生活垃圾治理有序开展。建立以县（市）政府公共财政为主导的多元化经费保障机制。建议自治区相关部门进一步完善农村生活垃圾治理相关法规及政策，积极探索通过 PPP 模式引入社会资金，使社会资本参与农村生活垃圾收集、转运和处理设施的建设、维护和运营。县（市）要履行主体责任，将农村生活垃圾专项治理费用纳入县（市）财政预算，通过积极争取中央和自治区专项资金支持、多渠道整合各类项目资金，引入竞争方式、依靠社会力量，探索农户合理付费机制等，保障和支持农村生活垃圾实现有效治理。

（2）全民动员，发挥群众主体作用。积极发挥基层党组织作用，做好动员和发动群众工作，继续加大《昌吉回族自治州乡村治理促进条例》、村规民约宣传和贯彻力度，引导群众形成垃圾分类良好习惯，从源头上减少农村生活垃圾处理量，营造农村生活垃圾治理人人有责、人人参与、人人监督的良好氛围。

（3）全程规范，提升农村生活垃圾治理质量水平。总结近年来农村生活垃圾治理经验，积极推广木垒县农村生活垃圾治理城乡一体化和分类收集模式、吉木萨尔县乡镇设置环卫中心的管理模式，实施城乡一体化治理、偏远村庄分散治理的治理模式，因地制宜地选择专业公司运行管理、村民组织自我运行管理、乡镇统一维护管理、县（市）住建部门运行管理等多种管理运营模式，进一步完善收运体系。

（4）加强监督，完善长效管理机制。进一步建立健全村庄环卫清扫保洁工作制度、村镇垃圾设施管养制度、村民卫生"门前三包"、垃圾简易分类和资源回收、垃圾集中处理、环境卫生长效管理和督查考评等垃圾收运处理长效管理机制，逐渐使农村生活垃圾处理走上常态化、制度化和规范化的轨道。

（三）村庄规划编制和执行

1. 工作现状

近年来，随着昌吉州城乡一体化的深入推进，村镇规划编制力度不断加大，城乡规划体系进一步完善，基本形成了从纲领到行动、从县域到村庄、从布点到布局的系统化规划成果。2019 年已确定分类的村庄共 438 个，占全州行政村的 98.6%，其中集聚提升类村庄 277 个、城郊融合类村庄 99 个、特色保护类村庄 29 个、搬迁撤并类村庄 33 个。在实现全州所有村庄规划编制的基础上，重点指导县（市）完成 22 个州级乡村振兴示范村、18 个旅游示范村规划修编，采取的主要措施如下。

（1）全面完成县市域乡村建设规划。根据住房和城乡建设部印发的《关于改革创新、全面有效推进乡村规划工作的指导意见》，奇台县作为自治区试点，编制完成县域乡村建设规划；在总结试点经验的基础上，昌吉州其余 6 县（市）全面完成乡村建设规划编制任务，基本实现了乡村建设发展有目标、重要建设项目有安排、生态环境有管控、农村人居环境改善有措施。

（2）村庄建设规划、美丽乡村规划压茬推进。昌吉州共投入 4 500 余万元，完成所有行政村的村庄建设规划编制任务，规划成果已通过自治区住建厅审查验收。根据《昌吉回族自治州美丽乡村行动三年实施方案》，全面启动美丽乡村规划编制工作，突出抓好示范村、重点培育村的规划编制，在充分调研的基础上，制定了《昌吉回族自治州美丽乡村规划工作指导意见》，投入 3 600 万元，编制完成美丽乡村规划 123 个，指导奇台县腰站子村、阜康市山坡村、玛纳斯县上庄子村等 41 个村成功创建为自治州美丽乡村示范点。

（3）不断完善村庄规划，全面推进乡村振兴。紧紧围绕自治州农村人居环境整治工作要求和乡村振兴"产业兴旺、生态宜居、乡风文明、治理有效、生活富裕"方针，指导县（市）完成 22 个州级乡村振兴示范村、18 个旅游示范村规划修编，组织编制《昌吉回族自治州农村民居风貌导引图册》等。在全州村庄规划编制的过程中，最大限度保留和挖掘村庄特色，推进各类规划在村域层面的"多规合一"，规划充分尊重村民主体地位，多次征求相关部门、乡镇、示范村和村民的代表意见，有效推动各地的农村人居环境改善工作。

（4）制定农村人居环境整治规划。以县（市）为单位编制了行政村村庄环境整治规划，昌吉州人居办及 6 个专项组等相关部门召开座谈会，分别对七县（市）农村人居环境整治工作规划进行研讨，指导各县（市）结合村庄类型，规划农村人居环境整治工作的目标、时间、路线等，充分体现规划先行、梯次推进，已制定 179 个示范村人居环境整治规划，有力推进了示范村整治工作的实施。

2．存在的问题

（1）昌吉州所有行政村虽都已经完成规划编制工作，但是由于没有统一的规划编制导则和规范作为依据，各个村庄规划不同程度地存在深度不一、内容不全、指导性不强等问题。部分规划照搬城市规划理念和方法，片面追求近期实施效果和形象打造，大广场、高门楼、过度硬化等问题仍然存在。

（2）由于目前各级国土空间规划尚未编制完成，现有的村庄各类规划与国土空间开发保护、落实生态保护红线划定、永久基本农田和永久基本农田储备区划定等方面的内容尚未做到有效衔接。

（3）村庄建设规划主要依据《新疆维吾尔自治区村庄规划编制技术要点》，侧重建筑空间布局、用地管控和设施配置等乡村资源的空间分布，对农村产业定位、产业结构、生产方式等方面的探讨不足，村庄产业发展类型单一，发展方向雷同，村庄特色不突出。

3. 意见建议

（1）要提高村庄规划的编制质量。在村庄规划编制过程中，要委托具有村庄规划编制经验并能保证技术力量投入的设计单位开展规划编制工作，加大对规划技术路线、规划成果深度和内容完整性的审查力度。在确保规划基本内容齐全的前提下，重点突出村庄特色引导、风貌管控和本土历史文化的挖掘传承，精心设计建筑风格、庭院布局，为农村人居环境整治工作提供有效指导。

（2）加强衔接，合理布局。按照自然资源部办公厅发布的《关于加强村庄规划促进乡村振兴的通知》以及中央农办等五部委发布的《关于统筹推进村庄规划工作的意见》，在新一轮村庄建设规划的编制过程中，要充分结合国土空间规划编制工作，加强衔接，统筹安排各类资源，科学设计，合理布局，有序引导村庄规划建设，促进乡村振兴。

（3）产业规划与空间规划有机结合。建议在自治区、昌吉州新一轮乡村建设规划中，根据中央和自治区经济工作会议及中央农村工作会议的精神，遵循"多规合一"工作要求，加强对农村产业发展的研究，结合村庄实际，制定相应的产业发展规划和村庄空间规划，将产业规划与空间规划有机结合，改变过去村庄规划中重空间布局、轻产业研究的做法，将本地优势和区域优势结合起来，提升当地传统产业、特色产业和新兴产业，强化农村发展的动力支撑。

六、伊犁哈萨克自治州农村人居环境整治工作

改善农村人居环境是党中央作出的重大决策部署，是实施乡村振兴战略的重点任务，关系到诗画村庄、美丽伊犁的建设，关系到农村生产生活生态环境。为全面掌握伊犁州村庄规划、"厕所革命"、垃圾清理等农村人居环境整治各项工作推进落实情况，根据自治区党委农办部署，通过实地调研、座谈交流、电话问询等多种方式，了解伊犁州农村人居环境整治工作的进展情况。

（一）农村"厕所革命"

1. 工作现状

（1）改厕推进：伊犁州所辖 8 县 3 市 2019 年共有 116 个乡镇、774 个行政村。伊犁州农户改厕数达到 355 868 户，其中示范村 68 664 户、一般村 287 204 户。根据自治区财政厅《关于下达 2019 年自治区农村人居环境整治专项资金的通知》，自治区财政资金支持伊犁州改厕任务为 116 667 户，其中示范村 33 176 户、一般村 83 491 户，改厕支持资金为 7 000 万元（每座按照 600 元进行补贴）。在自治区财政资金的支持下，伊犁州已完成改厕117 708 座，超额完成自治区下达的任务。

（2）农民参与：伊犁州各县（市）和部门积极行动，采取有效措施充分发动群众广泛参与，各县（市）确定了适合县（市）实际的改厕工作思路，县（市）领导分片包干安排部署，乡镇街道领导深入村队靠前指挥，村社区和"访惠聚"工作队具体实施，形成了"一级抓一级、层层抓落实"的工作格局。各县（市）加大对群众的宣传引导和组织动员力度，通过农牧民夜校、升国旗大宣讲、住户干部入户走访等方式向群众广泛宣传卫生健康的生活方式、改厕的意义和卫生厕所使用管理等知识，使群众对改厕工作有了更加深入的理解和认识，转变了思想观念，从"要我改"转变为"我要改"。从调研情况看，伊宁市、奎屯市、特克斯县、霍尔果斯市总体推进较快，主要得益于宣传力度大、群众参与改厕工作积极性较高。

（3）改厕技术和模式：根据《新疆维吾尔自治区农村卫生户厕建设技术规程（试行）》要求，结合伊犁州的基础条件、地形地貌、气候环境，考虑农区和牧区不同的生产生活方式，各地根据自身实际科学选择适宜的改厕模式。对于污水管网能够覆盖且供水有保障的村庄，在群众经济条件允许的情况下主要采用水冲式、三格式、双坑交替式等改厕模式；在牧民定居点、群众整体条件相对较差的地区采用简单实用、群众接受的卫生旱厕。

（4）厕所运营维护及粪污处理：伊犁州印发《伊犁州农村改厕后续管理维护实施意见》，对新建卫生厕所后期维护提出明确要求，各县（市）提前谋划厕所建成后期的维护和粪污处理方式，实施采购抽粪车、集中修建化粪池等措施，保障农村厕所建、管、护一体化。察布查尔锡伯自治县（以下简称"察布查尔县"）、伊宁县、特克斯县、霍城县对无劳动力扶贫户的改厕工作进行兜底，统一建设以保证施工质量，巩留县和尼勒克县对以前建造的双瓮式厕所进行摸底排查、分类统计，对厕屋、坐便器损坏的进行修复改造，对因未清掏而停止使用的厕所协调清粪车逐户处理，减少再建成本。伊宁市托格拉克乡经济条件差，无地下管网，改厕工作推进难度大，为此专门协调市政管网为相邻的乡村开放排污口，由抽粪车对厕所粪便清掏后直接排入污水管网，节省了每户建造化粪池的费用。

2. 存在的问题

（1）改厕模式的适用性不强。农村无害化厕所管理维修、定期收运、粪渣资源利用等后续管护工作不够完善，设施设备的配备不到位，影响了粪便后期处理，不利于无害化厕所的推进工作。

（2）群众的主体作用发挥不明显。个别县（市）、乡镇在开展改厕工作中的宣传引导力度有待加强，群众对改厕工作的意义认识不到位，对重要性了解不够深入，主动参与意识不强。

3. 意见建议

（1）建议自治区党委、政府统筹安排，充分发挥各职能部门作用，积极示范推广自治区内外已经成熟的农村改厕技术模式，以点带面，破解技术难题，结合新疆各地区实际情况，制定符合南北疆实际，既能防渗，又能防冻，还能防盐碱侵蚀的改厕技术标准，更好地推动农村"厕所革命"。

（2）建议加大改厕补助力度，每户补贴标准由 600 元增加为 1 500 元。积极推进农村污水管网项目规划与建设，将农村厕所改建与污水处理同步规划建设。

（二）农村生活垃圾治理

1. 工作现状

农村生活垃圾专项治理工作启动以来，伊犁州累计投资 1.8 亿元，逐步完善村庄垃圾收集池，配备保洁桶、清运车、运输车等垃圾收集转运设施，已有 630 个行政村开展农村生活垃圾专项治理工作，治理率达 81.4%，初步建立符合各县（市）、乡镇实际的农村生活垃圾收集处理模式，收运设施基本覆盖，农村生活垃圾治理已见成效。

（1）垃圾收集系统建设：各县（市）积极整合住建、环保、农村人居环境整治等各项资金，不断完善村庄垃圾收集池，配备保洁桶、清运车、运输车等垃圾收集转运设施，基本实现了垃圾收运设施乡镇全覆盖。各县（市）配置果皮箱 10 226 个，垃圾船 10 334 只，垃圾车 547 辆，电动三轮 400 台，拖拉机 45 台，清雪车、压缩车等其他设施 100 台。

（2）垃圾处理设施建设：伊犁州充分利用城镇既有（或在建）的垃圾处置设施对农村生活垃圾进行处理。由于伊犁河谷乡镇距离县城垃圾填埋场普遍较远，针对距离在 50 千米以上的乡镇，就地、就近建设乡镇区域生活垃圾填埋场，实现垃圾无害化处理。伊宁市建设城北和城西两个垃圾转运站，建设二级生活垃圾填埋场 1 座；特克斯县 6 个乡镇均建有生活垃圾卫生填埋场，实现垃圾就近处理；新源县建成库容分别为 20 万立方米和 6 万立方米的乡镇级卫生垃圾填埋场；尼勒克县投资 2 000 万元，建设喀拉苏乡垃圾填埋场。

（3）农村生活垃圾收运模式：伊犁州各县（市）结合各乡镇实际，初步建立"户集、村收、乡镇运、县处理""户集、村收、乡镇处理""户集、村收、就近处理"等多种形式的农村生活垃圾收集处理模式。伊宁市各乡镇将生活垃圾收集装车后，运至伊宁市生活垃圾转运站，再由清运公司统一清运至垃圾填埋场进行无害化处置。察布查尔县各乡镇根据本地实际情况，在居民家中设置生活垃圾收集桶，采用袋装袋投方式，集中运送至生活垃圾收集点。

（4）运行管理：一是健全责任管理体系建设。按照《关于印发自治州农村人居环境整治工作专项行动方案的通知》（伊党农领字〔2019〕7号），各县（市）基本形成了县（市）为主体、乡镇组织实施、村委会收集清运、村民积极参与的管理体系。二是积极倡导农村生活垃圾分类收集和分类处理，逐步推行农村生活垃圾家庭初分和保洁员再分的二次分类方法，设置示范街道，以点带面加以推进。三是加强村庄保洁队伍建设。奎屯市成立了开干齐乡环卫所，保洁人员全天对乡主干道和巷道进行清扫保洁。其他县（市）也积极加强乡镇村保洁队伍建设，共配备村级保洁人员2 052人。

2. 存在的问题

（1）持续推进的资金不足。自治区对伊犁州农村生活垃圾的专项补助资金三年累计为2 445万元，补助乡镇17个、行政村132个，每乡镇最低50万元、行政村最低3万元。由于基层的县（市）财力有限、国营农牧场还未列入自治区补助范围、补建设不补运营等原因，后续推进农村生活垃圾专项治理所需的资金面临较大的压力。

（2）群众参与度有待提高。各村持续利用周一升国旗大宣讲、入户宣讲等方式宣传农村人居环境整治的意义，普及垃圾分类知识以及垃圾对人体、环境的危害，群众对垃圾分类的意义有一定了解，但受多种因素的影响，群众参与意识还不够。一是有些村民环保意识比较淡薄，认为"垃圾风一吹就跑了，污水太阳一晒就干了"，不愿"花冤枉钱"，没有主动收集、定点投放垃圾的习惯。有些村民认为环境卫生整治是政府部门的事、与己无关，不愿交卫生保洁费，存在"政府要我整治，政府就会出钱"的想法。二是由于农村千百年来生活习惯的影响，人畜混居、乱丢垃圾的习惯很难改变，田边、路旁、沟渠、池塘边的垃圾随意堆放；随地吐痰、公共区域乱扔垃圾的现象仍较为常见。三是奖惩机制不完善。村民乱堆乱放成本较低甚至无需成本，积极遵守又无甚好处，做得好没有奖、做得差不能惩，对村民的积极性带来负面影响。

（3）长效运行机制尚不完善。伊犁州的农村人居环境已取得较大改善，但主要还是依靠突击性的整治清扫，虽修建了垃圾池、配备了垃圾箱、成立了保洁队伍，但长效运行的机制仍待完善。部分镇村的保洁队伍形同虚设，部分垃圾船长期被炉灰、树枝、秸秆甚至牛羊粪便等各种杂物占满，导致垃圾收运负担过重，垃圾收运效率不高、清运效果差，长效运行的管理机制和乡镇村垃圾转运设施日常运转资金的长效保障机制尚未建立。

（4）垃圾处理设施建设相对薄弱。伊犁河谷的各乡镇距离县城垃圾填埋场普遍较远，乡镇村生活垃圾处理设施建设相对滞后。除特克斯县、尼勒克县等县（市）提前谋划建设了部分乡镇垃圾卫生填埋场外，其他县（市）还没有规范的乡镇级生活垃圾处理设施，只有简易的垃圾填埋场或者需要将垃圾长距离运到县城垃圾填埋场。虽然各乡镇配备了垃圾收运设施，但生活垃圾乱堆、垃圾清运周期较长、垃圾处理能力不足、垃圾处理成本较高的现象还普遍存在。

（5）整治工作力度需要加强。虽然乡镇村各级领导和干部已经认识到农村垃圾给农村周边环境带来的危害以及农村垃圾处理的重要性和紧迫性，各乡镇村对此项工作也进行了多方面的积极探索，但不少乡镇村对农村垃圾处理的工作还停留在形式和表面，能够真正深入扎实持续开展此项工作的村庄数量并不多，各乡镇村对农村垃圾处理工作的管理、投入和监管明显不足。

（6）缺乏规范有效的环境卫生整治机构。虽然绝大多数县（市）和乡镇设立了环境卫生整治工作领导小组，但乡镇没有专门的环卫机构，更没有明确由哪个部门牵头管理，也没有针对垃圾收集、运输、填埋处理的负责部门，在乡镇层级缺乏对区域范围内的环境进行有效管理的体制机制。大多数村庄环卫人员工资较低，工作积极性不高，直接影响农村垃圾的集中收集和集中处理。

3．意见建议

（1）加大政府资金投入。按照"政府投入为主，农民参与为辅"的原则，通过国家、自治区财政奖补、县（市）配套、鼓励社会投资、乡镇村筹措、村民缴费等方式，建立农村生活垃圾处理设施建设和运行资金保障机制，主要用于：一是垃圾处理设施建设。伊犁河谷各乡镇距离县城垃圾填埋场普遍较远，针对运输距离在50千米以上的乡镇，建议国家、自治区层面安排专项资金支持乡镇垃圾填埋设施建设，主要用于乡镇垃圾填埋场建设征地补偿款、工程建设、运转设备和车辆配置等。二是加大垃圾收运设施的投入。重点加大对垃圾收集桶、挂桶式垃圾收集车、密封式垃圾清运车的补助。三是保洁投入。建议根据各县（市）的实际情况，采用全托管、半托管或自我管理模式，鼓励有条件的县（市）建立由环卫主管部门统一管理负责的城乡环卫一体化工作体系。四是综合考评奖励，建立自治区级、州级专项奖励资金，对获得国家级、自治区级表彰的乡镇和村庄进行奖励。五是对农村生活垃圾分类减量化处理资源化利用试点进行奖补，由县（市）政府通过财政奖补形式对开展垃圾分类减量的试点乡镇进行补助，用于建设阳光堆肥房和配置垃圾桶、垃圾车等设施。

（2）建立完善农村生活垃圾治理长效机制。一是加快对农村生活垃圾治理的立法。我国还没有针对农村生活垃圾处理的法律和行政法规，仅在

《中华人民共和国环境保护法》第四十九条规定县级人民政府负责组织农村生活废弃物的处置工作。《中华人民共和国固体废物污染环境防治法》（2015 年修正）第四十九条规定农村生活垃圾污染环境防治的具体办法由地方性法规规定。自治区虽然出台了一些指导性文件，但尚无相应的政府规章。建议国家和自治区制定农村生活垃圾治理的相关法律法规。二是鼓励城市垃圾处理设施服务范围向周边村镇延伸，实现城乡基础设施共享，探索建立城乡统一的生活垃圾治理体系，将城市环卫力量下移，扩大垃圾收运范围或成立分支机构，制定和落实相应的整治维护方法和措施。三是强化督查制度，开展定期督查和综合评比，同时发挥新闻舆论的监督作用，对村庄整治试点进行跟踪报道，形成推动工作的良好氛围。四是建立目标考核机制，建议将农村生活垃圾治理纳入主要领导干部的目标责任中，将考评结果与干部的业绩挂钩。五是通过制定村规民约、召开村民代表大会等方式，组织村民参与项目运行和管理，探索村民自治与政府支持相结合的运行和管理机制。六是加强乡镇环保部门的监管能力建设，在示范区域探索建立农村环境监测、环境执法、环境宣传"三下乡"制度，通过农村环境整村连片整治，深入开展农村生态文明建设。

（三）村庄规划编制和执行

1. 工作现状

（1）城乡规划编制：根据《伊犁州直城镇体系规划（2013—2030 年）》，伊犁州先后完成了 8 县 3 市 2 口岸的总体规划修编和编制，25 个独立建制镇和 62 个乡（场）的总体规划编制，以及 645 个行政村的村庄建设规划。此外，伊犁州有序推进特色小城镇的规划建设工作，新源县那拉提镇被确定为国家级特色小城镇，伊宁市潘津镇、察布查尔县孙扎齐牛录镇、尼勒克种蜂场等 12 个乡（镇、场）被确定为州直第一批特色小城镇，特克斯县编制完成了《特克斯县县域乡村建设规划（2016—2030 年）》，察布查尔县孙扎齐牛录镇孙扎齐牛录村被列为全国县（市）域乡村建设规划和村庄规划示范县。随着各类规划的编制完成，伊犁州基本建立了层次分明、定位清晰、功能互补的城乡规划体系。

（2）村庄规划管理：依据《新疆维吾尔自治区实施〈中华人民共和国城乡规划法〉办法》，结合城乡规划管理局工作职责，伊犁州初步拟定县（市）域村庄布局规划和村庄规划审查规则。为进一步规范自治州城乡规划审查工作、提高审查质量与效率，制定了《伊犁哈萨克自治州农村人居环境整治村庄规划行动方案》《2019 年农村人居环境整治工作绩效指标细则》《村庄规划管理考核指标日常考评办法》，为扎实推动自治州农村人居环境整治工作奠定基础。

2．存在的问题

（1）伊犁州县（市）城乡规划管理人员配备不合理。一是州级行业管理部门新成立，作用未完全发挥。伊犁州城乡规划管理局在编人员仅为 9 人，不到核定编制总数的 40%。县（市）核心骨干人员稀缺，现有人员勉强应对日常事务性工作，规划技术指导和审查的作用未完全发挥。二是县（市）行业管理部门人员配备不合理。州级、县（市）级城乡规划管理人员配置不足，无法全面监督、指导县（市）规划工作；乡镇大多配备了相应管理人员，但人员构成不合理，多由专业不对口的其他岗位人员兼职，工作开展难度大。村庄规划助理员基本由村委会主任兼职，基本未发挥作用。

（2）村庄规划科学性、实用性不强。一是当前村庄规划存在坐标不统

一、底图数据不精准以及对农村土地权属关系不够重视等问题，难以实现全域"一张图"。同时存在乡村地区规划体系混杂、技术规范缺位、管理政策缺位、规划管理薄弱以及实施监督缺位等短板，规划在实际运作中对经济建设的指引作用很小。二是规划设计单位简单套用城市规划的设计理念，对村庄原有的区位、经济、资源等问题缺乏深入研究，对村庄的历史文化缺乏理解，对村庄发展的需求认识不足。在规划编制过程中往往只是将当地政府的意见文本化，缺乏对地方特色的深入挖掘，使得村庄规划千篇一律。三是多数村庄规划基本等同于村庄整治规划，篇幅主要集中在农房美化、治污改厕、垃圾处理、村庄绿化等方面，对于经济产业发展布局指导、公共基础设施建设等内容的设计篇幅过小，难以有效指导村庄发展。

（3）村民主体责任未发挥。村庄规划编制实施主体为乡镇人民政府和村民，对乡村资源和人文的多样性需求考虑不多，规划中的文化、风貌等内容较少，导致乡村按照城市标准建设，缺乏乡村特色。同时作为实施主体的村民多处于被动接受地位，在规划编制过程中未充分反映村民意愿，很多规划无法得到村民的认同，实施过程难度加大。

3．意见建议

（1）建议村庄规划编制应按行政村区域范围进行统一规划，土地部分应做好以行政村为范围的提早摸排，确定上报土地报件工作，使规划与土地规划能相互衔接统一，共同规划建设村庄。

（2）健全村庄规划技术标准体系。村庄规划作为国土空间规划体系中乡村地区的详细规划和各类开发保护与建设的法定依据，其编制技术要求与成果规范应明确规划范围、村庄各类发展与保护目标、土地使用、支撑体系、专题研究等各项规划编制内容和成果要求，确定规划成果（文本、图纸、附件、数据库等）的框架、主要内容、表达形式和相关要求。

（3）完善国土空间信息平台。及时将批准的村庄规划入库，形成可层层叠加打开的市域村庄规划"一张图"，为统一国土空间用途管制、实施乡村地区建设项目许可、强化规划实施监督、预警提供依据和支撑。

（4）建议将村庄规划编制经费纳入当地财政预算，能够按照合同约定及时拨付，以保证编制工作的正常推进。要推广试点村庄的经验，将组织编制的程序、村庄特色的梳理、村庄文化的挖掘、"多规合一"的路径等经验和做法提供给各县（市），从城乡规划的工作思路转变为空间规划的工作思路，提高组织编制效率。

七、塔城地区农村人居环境整治工作

（一）基本情况

根据中央和自治区开展农村人居环境整治工作的部署要求，塔城地区以"农村畅通、环境净化、乡村绿化、村庄亮化、农村文化"建设为重点，狠抓基本制度和长效机制建设，扎实推进农村人居环境整治各项工作。

1. 基本信息

塔城地区 2019 年有 87 个乡镇、936 个行政村，农村总户数为 202 930 户，户籍人口数为 682 198 人，常住人口数为 432 465 人。

2. 组织管理

发布《塔城地区农村人居环境整治三年行动实施方案》，成立地区农村人居环境整治推进协调领导小组，地委副书记任组长、行署副专员担任副组长，农业局、住建局、环保局、卫计委、财政局、发改委等部门主要负责人为小组成员。领导小组办公室设在地区农业局，办公室主任由地区农业局党组书记兼任。从农业局、住建局、卫计委、环保局等部门抽调业务骨干组建农村人居环境整治工作专班，负责农村人居环境整治日常工作，做好统筹协调、督导检查和年终考评，由住建局牵头农村生活垃圾治理、改善村容村貌，卫计委和农业局牵头推进农村"厕所革命"，环保局牵头农村生活污水处理，畜牧兽医局牵头农村畜禽粪污、秸秆等资源化利用，发改委牵头完善建设和管护机制，国土局牵头加强村庄规划管理，卫计委牵头培养健康卫生生活方式，建立城乡一体化示范区改善人居环境工作联席会议制度，统筹协调全地区改善农村人居环境工作。

3．资金投入

一是利用"访惠聚"村级惠民生项目，对 300 多个村的道路、绿化、亮化、垃圾设施、村容村貌等进行建设和改造，完成投资约 1.6 亿元，进一步提升了村庄基础设施的综合服务水平，改善了村容村貌，提高了村庄居住环境。二是下达中央农村环境综合整治资金，支持农村环境综合整治专项工作，托里县 200 余户受益。三是自治区向塔城地区下达了 5 个县（市）14 个乡镇 23 个村项目资金，项目总投资 1 150 万元，每个村专项资金补助 45 万元，地方配套 5 万元。

4．整治工作成效

制定《塔城地区农村生活垃圾处理设施专项规划》，指导全地区农村生活垃圾设施的选址、建设和生活垃圾的收集管理工作，争取上级专项补助资金 2 017 万元，为 23 个乡镇 319 个村购置生活垃圾收集设施，不断改善农村人居环境。加大粪污治理项目建设力度。申请落实畜禽粪污治理整县推进项目，在塔城市配套建设粪污处理利用设施 108 个；2019 年申请中央农业发展资金，用于额敏县、乌苏市、沙湾县、托里县、和布克赛尔蒙古自治县的规模化奶牛场配套粪污处理设施建设。

（二）存在的主要问题

一是绝大部分乡镇缺乏村镇规划建设管理机构或有机构、无人员。农村的基础设施、环境卫生设施管理工作滞后。二是国家、自治区仅对部分乡镇村庄的垃圾和污水处理设施给予了一定的项目资金支持，不能做到全覆盖。垃圾处理、污水处理的建设和运行缺乏有效资金投入，设施得不到正常的运行维护，工程设施移交后往往不能得到长效运行。三是与城市相比，农村人口规模小、密度低、布局分散，需要符合村民实际需求的生活垃圾收集和处理模式，工作量大、覆盖面广，当前的人员和经费投入很难满足需求。四是农村生活垃圾处理设施不足。县城已有的生活垃圾填埋场主要满足周边乡（镇、场）及其村庄生活垃圾的处理需求，大部分县（市）垃圾填埋场的处理能力已经接近上限，亟须新增农村生活垃圾的及时转运和有效处理设施。

（三）下一步的工作打算和建议

1. 合力推进实施

健全完善地区负责统筹协调、县（市）负责具体落实、乡镇负责具体实施的工作推进机制。开展农村人居环境整治周调度、月通报，建立定期通报和末位约谈制度。各部门按职能分工，发挥部门优势，整合政策、资金、项目，全力支持农村人居环境整治工作。

2．积极开展试点

以沙湾县为地区农村人居环境整治三年行动试点县，探索符合当地实际的农村人居环境整治方法、技术路线，以及能复制、易推广的建管模式，通过示范带动，引导乡村居民全员参与，推动整体提升。

3．注重规划引领，加强分类指导

指导县（市）从实际出发，抓紧编制好村庄布局和建设规划，做到"一张蓝图绘到底"。合理规划村庄类别，明确不同规划建设标准和要求。将村庄道路、污水和垃圾处理、饮水安全工程等设施建设纳入相关专项规划。

4．完善投入机制，引导群众参与

健全完善政府、农村集体和群众、社会力量多元投入机制，对接自治区财政设立专项资金，县级财政纳入年度预算。引导整合涉农水利、农村危房改造、农村环境综合整治等各类资金，优先支持农村人居环境整治工作。通过开展"四美两园"美丽乡村试点活动、卫生县城创建活动、村庄清洁行动、"门前三包"评比活动，组织开展以治理村庄"脏乱差"为重点的农村人居环境整治村庄清洁行动。

八、阿勒泰地区农村人居环境整治工作

根据自治区的部署要求，阿勒泰地区由地委农办、地区农业农村局牵头，组织地区发改委、财政局、住建局、卫健委、自然资源局、生态环境局等部门组成调研组，2019 年 11 月就阿勒泰地区农村人居环境整治工作推进情况进行了专题调研，深入 6 县 1 市 23 个乡镇 76 个村，重点就农村人居环境整治各项工作推进落实情况进行了实地调研督导，了解相关

工作的进展。

（一）农村人居环境整治工作进展

阿勒泰地区 2019 年下辖 6 县 1 市，全地区有 58 个乡（镇、场）、509 个行政村，农村人口 37.7 万人、农户 10.58 万户。

1. 加强组织领导，层层传导压力

按照自治区要求，阿勒泰地区坚持农村人居环境整治"一把手"责任制，相继成立了地区、县（市）、乡（镇、场）的"千万工程"及农村人居环境整治三年行动专项工作领导小组。由地委农办、地区农业农村局牵头抓总，切实发挥生态环境局、住建局、卫健委等重点责任部门统筹协调作用，强化地区和县（市）牵头部门纵向和横向联系沟通，适时召开工作联席会、现场推进会，加强工作调度，形成了部门协同作战，县（市）、乡（镇、场）、村主抓的工作格局。

2. 积极整合项目，强化资金保障

阿勒泰地区 2019 年已投入农村人居环境整治工作资金 109 714 万元，其中争取中央山水林田湖草生态保护修复工程试点项目 21 个，落实用于农村人居环境整治专项资金 7.18 亿元；中央和自治区共安排专项奖补资金 5 350 万元，地区本级财政投入 3 500 万元，整合援疆资金和地方债券 10 700 万元，县（市）自筹配套资金 18 364 万元，地区和县（市）合计农村人居环境整治投入资金年度增长 80.82%，为全地区农村人居环境整治工作提供了坚实的资金保障。

3. 引导广泛参与，推进长效管护

充分借助传统及现代媒体，依托"双覆盖及民族团结一家亲"活动、

周一升国旗大宣讲等活动，引导群众、商户积极参与村庄清洁春季行动、夏季行动和秋冬季行动。各县（市）积极探索建立农村人居环境整治中各种设施的建管机制。阿勒泰市在污水处理方面建立了乡（镇、场）管理和政府购买服务两种方式，在生活垃圾管护方面建立了乡（镇、场）管理、城乡环卫一体化、政府购买服务、村民自我管理四种方式。布尔津县颁布了《布尔津县农村人居环境整治项目建设管理办法》《布尔津县农村生活垃圾处理设施建设规划》《布尔津县农村生活垃圾专项治理工作实施方案》《农村生活垃圾5年专项治理工作规划》等文件，对相关的建管机制作了规定。哈巴河县通过定期对农村人居环境整治工作开展情况进行评估，实行农村人居环境整治季调度、季通报和末位约谈制，并对农村人居环境整治成效明显的乡（镇、场）给予表彰。福海县2019年通过修编县域农村生活污水处理规划和实施方案，依托城乡、企业污水管网，整村实施污水处理项目，单体污水处理等不同方式，将三乡二镇一场全部纳入项目储备库，污水治理得到全方位推动。富蕴县加大财政投入，鼓励乡村能人设计简单有效的垃圾收、集、运设备，调动群众参与垃圾治理的积极性。青河县制定了《青河县农村人居环境整治三年行动工作评估和督导细则》，推行城乡垃圾污水处理统一规划、统一建设、统一运行、统一管理制度，有效推动农村生活垃圾、厕所粪污、生活污水处理和改善村容村貌等方面的工作。喀纳斯景区坚持规划引领、"一张蓝图绘到底"，统筹推进重点区域、重点村庄规划融合，将全域旅游发展规划与乡村振兴、农村人居环境整治、生态环境保护相结合，确保农村人居环境整治各项工作的效果。

4. 坚持梯次推进，抓好重点任务

按照农村人居环境整治量力而行、尽力而为、梯次推进的工作部署，阿勒泰地区坚持一手抓"千村示范"、一手抓"万村整治"，依托村庄清洁行动，将 509 个行政村全部纳入"万村整治"，着力解决垃圾"围村"和村内"脏乱差"等突出问题，着力改变、改善村民的不良习惯。持续推进 95 个示范村的农村人居环境整治工作，通过示范引领，确保点上有示范、面上有提升。

（1）加快推进农村"厕所革命"。阿勒泰地区年度农村改厕任务为 24 417 座，已开工 20 981 座，开工率达 86%；完工 16 984 座，完工率为 70%，已投入资金 4 608 万元。已新建旅游厕所 32 座，续建农村公共厕所 152 座，实现了农村公厕全覆盖。

（2）稳步推进规划修编工作。根据科学分类，将阿勒泰地区行政村分为集聚提升类 118 个、城郊融合类 20 个、休闲旅游类 35 个、特色保护类 32 个、其他一般类 304 个。2019 年已经完成 57 个村的农村人居环境整治村庄规划编制工作，深化方案的有 38 个村。

（3）污水处理有实质突破。全地区年度污水建设项目 42 个，涉及 8 个县（市）29 个乡镇共 54 个村（社区、乡镇驻地），已投资金额为 64 344 万元（含年度中央农村环境综合整治及水污染专项资金 3 400 万元）。

（4）全面推动农村生活垃圾整治。"户清扫、村收集、乡转运、县处理""治建并举"的垃圾治理模式基本形成，已累计治理非正规垃圾点 182 处，新增垃圾箱 1 568 个、垃圾船 1 777 只，新购垃圾车 112 辆，配备小型手推车 600 余辆。清理村沟村塘淤泥近 26.8 万吨，清理田间地头、背街次巷卫生死角 4 000 余处，累计清理垃圾超 44.7 万吨；及时清理 1 000 余千米的国省道、乡村道路沿线两侧的垃圾；302 个行政村的生活垃圾得到有效处理。

（5）持续推进畜禽粪污资源化利用。严格执行《阿勒泰地区畜禽养殖污染防治规划》，明确工作任务与目标，认真执行畜禽养殖禁养区规划，已划定禁养区 125 个，禁养区面积为 16 172 平方千米。制定禁养区畜禽规模养殖场关拆并停工作方案，全地区规模化养殖场畜禽养殖粪污处理设施装备配套率为 85%，畜禽粪便综合利用率达 75%以上。

（6）村容村貌得到有效改善。新改建农村"四好公路"800 千米，实施道路绿化 158 千米，亮化 96 千米，美化 2 万余平方米，建设安置牧民定居 2 237 户、富民安居 2 512 户，国有牧场危旧房改造 1 314 户，村容村貌更加清洁、整齐、美观，农村人居环境进一步好转。

（二）存在的问题

1. 村庄规划方面

（1）示范村规划修编工作整体启动较晚，规划编制工作资金缺口大，除自治区每个示范村 9 000 元左右的资金补助外，只有个别县（市）有配套资金，其余县（市）配套资金缺口仍很大；同时，正在抓紧实施的村庄规划编制要利用第三次全国国土调查（以下简称"国土三调"）数据，而地区国土三调还没有通过国家的验收，所以村庄规划三区划定还需等待验收合格的国土三调数据进一步修正完善，村庄规划工作推进较为缓慢。

（2）已完成的 57 个村存在规划修编质量不高、实际规划引领指导作用不强的问题。

2. 农村"厕所革命"方面

（1）宣传工作不到位，群众主体意识不强。受传统牧区生产生活观念、文化和如厕习惯的影响，许多群众改厕的积极性不高。宣传工作不扎实，农村户厕相关职能部门和基层乡镇村缺少与时俱进的工作方式方法，宣传上仍停留在开会安排任务、贴标语、挂横幅、印发册子的层面。宣传工作未能贴近现实，许多群众没有把户厕建设作为自己家里的事来操心，主体意识不强。

（2）配套资金不足，户厕整体推进缓慢。整个地区原有农村卫生无害化厕所普及率低，建设任务重。上级资金及项目投入有限，本级财政配套不足，客观上影响了农村户厕的建设进度。

（3）"厕所革命"建管机制不健全。部分农村公厕未严格按照标准建设，设点不合理，没有统一规范设置公厕标识，未适量配置无障碍厕位或第三卫生间及盲道、轮椅坡道、扶手抓杆等相关设施。农村公厕的管护成本普遍较高，除个别位置较好的公厕"以商养厕"效益好、能做到管护到位外，其他大部分公厕都存在建后的管护基本仍由政府买单的现象。农村户厕施工把关不严，部分户厕建设质量不达标或未按要求施工，使用时间不长便有损坏现象，在群众中造成负面影响。与此同时，户厕的后期管护不到位。有些乡镇村吸粪车等基础设备覆盖不足，管护及服务组织少，建管脱节。

（4）"厕所革命"不同程度存在"一刀切"的现象。相关职能部门和单位对农村公厕、户厕实地调研不足，外观设计千篇一律，尤其是户厕的颜色、造型与周边房屋和环境不协调，缺乏与农户的有效沟通，没有结合当地民俗、文化等元素进行适宜的外观及实用性设计。

3. 农村生活垃圾清理和农村生活污水处理方面

（1）垃圾整治、污水处理基础设施薄弱。由于历史欠账较多，全地区垃圾及排污基础设施普遍不足，农村垃圾填埋场和处理站等设施建设严重滞后，非正规垃圾堆放点仍广泛存在，全地区 90%的行政村缺乏生活污水处理设施。

（2）缺少项目及资金的持续支持。地区和县（市）项目储备及申报主动性不足，规划编制、污水处理技术指南和规程等指导性文件跟进不够，项目建设推进缓慢，县（市）财政资金持续投入有限，乡镇村卫生清理仍以村干部组织群众集中打扫为主，未形成长效的管护机制。

（3）垃圾分类成为短板。全地区（包括县城在内）的垃圾末端处理仍以填埋为主，对农村生活垃圾只是简单地进行分类利用，如建筑垃圾用来填坑、垫路，粪污还田；对其余大部分生活垃圾未作分类、直接投入垃圾船运往填埋场。

（4）垃圾死角仍然较多。次街背巷、田间地头的生产、生活垃圾处理不及时，国省道、乡村道路两侧依旧有多年未整治的垃圾，不仅量大，而且难收集处理，所需的人力、物力和资金量都较大。此外，有些区域的垃圾治理长效机制不健全，主要依靠集中整治，后续的管护及费用跟不上。

（5）群众参与垃圾整治的积极性不高。各乡镇村利用各种媒体开展宣传的形式不少，村规民约、"门前三包"、各类奖惩制度都有，但能让广大群众乐于接受并切实执行的还不多，村民参与农村人居环境整治工作的主动性和积极性仍不高，村民自觉维护村内环境、不乱丢垃圾、随手捡拾垃圾的意识还需加强。

（三）对策及建议

1. 强化组织领导，进一步落实主体责任

主要职能部门和领导干部要更多沉到基层一线，蹲点研究，因地制宜、

精准施策，寻求推进农村人居环境整治的有效方式和举措。

（1）进一步加强农村基层党组织在农村人居环境整治中的作用。切实发挥好农村基层党组织核心作用和党员带头作用，带领群众移风易俗、改变生活方式。充分运用农村"一事一议"民主决策机制、村规民约及奖罚机制，不断调动广大群众参与人居环境整治的积极性和主动性。实行人居环境整治项目公示制度，保障村民的知情权、参与权、决策权和监督权。鼓励农村集体经济组织通过依法盘活集体经营性建设用地、空闲农房及宅基地等途径，多渠道筹集资金、用于人居环境整治工作。

（2）切实加大督导力度，建立考核问责奖惩机制。要实行调研与督导相结合的方法，实行动态管理，及时掌握农村人居环境整治进度。要加强工作调度，不定期开展督导工作，对情况掌握不清、工作推进不力、落实不到位的责任单位和责任人严肃追究相关责任。

2. 加大财政支持，确保持续投入

（1）按照农村优先发展总要求，有效整合各类项目资金，全力争取上级涉农资金的投入，加大援疆资金对农村人居环境整治工作的支持力度，地、县两级财政要分别设立并增加农村人居环境整治专项资金，列入年度财政预算。建立住户付费、村集体补贴、财政补助相结合的管护经费保障制度。鼓励先行先试，试点乡村实行污水、垃圾处理农户缴费制度，既要保障运营单位获得合理收益，又要综合考虑村民经济承受能力和意愿等因素，合理确定缴费水平和标准。对参与垃圾分类和用水计量计费的农户，给予垃圾和污水处理费减免等奖励。通过多渠道投入为农村人居环境整治工作的顺利实施提供资金保障。

（2）明确规划修编工作的资金来源渠道，尤其要保障示范村的规划编

制工作经费。充分认识到村庄规划是建设的基础和根本遵循，要做到规划先行、"多规合一"，有效发挥规划的指导性作用和刚性要求，进一步加强项目建设的审查，确保规划执行性与科学性相统一。

3．广泛宣传，动员群众积极参与

（1）提升基层工作人员的业务素质。地、县两级政府的牵头部门要加大对基层村镇工作的指导，自上而下对干部实施轮训，进一步压实责任，确保人人都做农村人居环境整治工作的明白人。

（2）改变群众落后的传统观念，提升群众环境卫生主人翁意识。将新时代、新文明与传统文艺形式结合起来，与现代媒介充分整合，讲透农村人居环境整治工作的重要意义、总体要求和主要任务。宣传好典型、好经验和好做法，引导群众认识到乱扔垃圾、畜禽粪便不当处理带来的人居环境破坏和疾病传播风险，增强群众自发开展养殖环境治理的自觉性。努力营造全社会关心和支持农村人居环境整治的良好氛围。

（3）引导群众绿色消费、绿色生活。提倡旧物利用、废物利用，从源头上减少垃圾、减少污染。从改变日常生产生活方式的一点一滴做起，不断完善整治内容、降低整治成本，最终实现农村人居环境村民自我管理、自我维护、自我美化的目标。

4．用好用活现有资金、人力、物力等资源

财政奖补资金要起到"四两拨千斤"的作用，做到"好钢用在刀刃上"；鼓励统筹整合农村环境综合整治、卫生改厕、安全饮水、乡村道路、电网升级改造、供气、排水、土地整理、节水灌溉等项目资金，为全面推进农村人居环境整治工作提供资金保障。建设上不随意提高建设标准，不搞"一刀切"。尤其是农村改厕要充分尊重群众意愿，结合建设标准，以户为单位

建设各个层次的农村卫生厕所，满足不同家庭的需求。

5. 要将集中整治与长效管护结合起来

（1）要有针对性地对农村地膜回收、非正规垃圾堆放点、危旧房、危旧围墙、畜禽粪污、秸秆、沟渠、池塘淤泥、垃圾等进行集中整治，结合长效的村庄清洁机制将重点整治内容一并纳入，开展常态化治理。

（2）进一步加大农村生活垃圾分类宣传、教育引导工作力度，组织村干部、垃圾清运员及村民参与生活垃圾分类处理培训；开展"农户分类、回收利用、设施提升、制度建设、长效管理"行动；加强农村垃圾处理站点建设，提高处理能力，推进减量化、资源化、无害化处理试点，建立健全符合农村实际、简单可行、经济可靠、管理可持续的农村生活垃圾分类收运处置体系。

6. 因地制宜、积极探索改善农村人居环境新模式

（1）积极探索区域共建共享合作模式。全面推进"村收集、乡镇集中处理"等方式，因地制宜推进农村垃圾分类处理和就地减量。落实责任，加强培训引导，着力转变观念，按照散户建设堆粪池、集中区域大户和养殖合作社经第三方处理生产有机肥模式，高效推进畜禽粪便资源化利用工作，重点整治乱放、乱堆、乱丢、乱搭建等突出问题。建立长效的农村生活生产垃圾收集处理机制，确保村内主干道垃圾临时集中存放点全覆盖，生产垃圾集中处理，垃圾无害化处理率不断提升，确保村内环境整洁卫生，积极做好人畜粪便及污水处理。

（2）有效推进专业化、市场化建设和运行管护。探索建立农村污水、垃圾处理统一管理体制，有条件的县、乡、村可推行村庄垃圾、污水第三方治理，提升农村垃圾、污水治理的专业化和市场化水平。创新投资运营

机制和模式，通过投资补助、贷款贴息等方式，支持社会资本参与农村生活垃圾污水处理设施的建设和运营管理。支持村级组织和农村"工匠"带头人等承接村内环境整治、村内道路、植树造林等小型涉农工程项目；组织开展专业化培训，把当地村民培养成为村内公益性基础设施运行维护的重要力量。

（3）建立"政府扶持、群众自筹、社会参与"的资金筹措机制，地区和县（市）探索设立运维管护专项资金，保障相关清洁及整治工作的正常运行。探索将农村生活垃圾规范化处置管理工作的所需经费纳入本级财政预算，并积极拓宽筹资渠道。乡镇、村配备专门管理人员，建立对环境整治工作的常态化检查、监督或通报制度，完善奖惩机制，确保农村人居环境建设成效。

九、博尔塔拉蒙古自治州农村人居环境整治工作

根据自治区党委农办要求，结合《博尔塔拉蒙古自治州深入学习浙江"千万工程"经验全面扎实推进农村人居环境整治 2019 年工作方案》，博州农办组织农业农村、自然资源、卫健、住建等单位，围绕农村人居环境整治工作，开展实地调研，了解相关工作的进展情况。

（一）农村人居环境整治工作进展

博州辖两县两市，2019 年全州农村人口共 20.78 万人，分布在 11 个镇、5 个乡和 5 个国有农牧场，农村劳动力有 11.06 万人，乡村从业人员有 9.42 万人。

1．组织管理

（1）高度重视，责任到人。博州成立农村人居环境整治工作领导小组，将各县（市）主要领导作为第一责任人，发挥驻村工作组力量，做到层层落实责任、责任到人。将农村生活垃圾治理、农村生活污水治理、农村卫生厕所改造、农村生产废弃物资源化利用、村庄规划编制等工作纳入农村人居环境整治的主要指标，作为领导干部考核的重要内容之一。党政主要领导通过听取汇报、实地调研等方式督促项目推进，分管领导定期深入工程一线调研督导，及时研究解决工作中的重点和难点问题。专项督查组不定期深入一线对项目进展情况进行督导检查，实行每周一督查通报，确保各项工作任务落到实处。

（2）采取多种举措开展农村人居环境整治各项工作。结合安居富民、庭院整治等工作，利用民族团结"结亲周"和干部住户"双覆盖"、农牧民夜校、入户宣传等多种方式，逐村逐户宣传农村人居环境整治工作的重大意义。建立模范榜样，相互学习，调动农户开展环境整治工作的积极性。结合博州实际情况，爱卫办制定了《自治州城乡环境卫生整洁行动工作方案》，明确了整治目标、任务和重点，召开专题会议落实各项环境卫生整洁制度，建立长效管理和考评机制。爱卫办采取明察暗访的形式对全州各乡（镇、场）环境卫生进行督导检查，对工作进度缓慢的单位进行督促，限期整改。建立群众监督机制，充分发挥新闻媒体的作用，宣传先进，曝光问题。县（市）为各乡（镇、场）配发足量箱式垃圾箱、果皮箱，实行集中收集，并配有专用清运垃圾车，保持村庄干净整洁、道路路面平整。

2．资金保障

博州严格资金管理，加大资金投入，加强对农村人居环境整治项目资金管理和使用的监督，确保专款专用和建设项目保质保量完成。博州整合各类项目资金、投入农村人居环境整治工作的金额共计 15 582 万元，包括农村安居富民工程补助资金 6 800 万元、游牧民定居工程补助资金 1 000 万元、中央农业资源及生态保护补助发展资金 124 万元、博州农业综合开发土地治理项目资金 1 471 万元、改善人居环境基础设施建设项目 4 000 万元、"访惠聚"年度村级惠民生土地整治项目资金 855 万元、财政扶贫资金 741 万元等。

博乐市投入农村人居环境整治资金 23 525 万元，占一般公共预算财政总收入的 8.05%。其中，农村生活垃圾治理投入 780 万元，农村生活污水治理投入 4 754 万元，改善村容村貌投入 1 943 万元，加强村庄规划管理投入 421 万元，完善建设和管护机制投入 45 万元。精河县通过整合农村人居环境项目建设结余资金、向金融机构申请贷款、整合社会资本等各种方式，解决资金不足的问题，为项目顺利实施提供充足资金保障。精河县先后启动乡镇污水、生活垃圾建设项目 8 项，总投资 47 147 万元。温泉县投入农村人居环境整治资金 5 647 万元，包括农村生活垃圾治理 594 万元、农村生活污水治理 1 450 万元、畜禽粪污资源化利用工程项目 400 万元、村庄清洁行动提升村容村貌投入 2 548 万元、污水垃圾处理投入 655 万元。

3. 工作成效

（1）推进农村生活垃圾治理。按照《自治州农村生活垃圾处理设施建设规划（2015—2020 年）》，结合自治州乡村振兴战略实施方案，持续深入推进农村人居环境治理，完善垃圾处理设施。博州已建设完成 9 个垃圾填埋场，初步建立符合本州实际的"户集、村收、乡镇转运、市处理"和"户集、村收、乡镇处理"的农村生活垃圾收运处置体系，农村生活垃圾处理的村队已达到全覆盖。

（2）加强农村生活污水处理。博州根据本地农村地理环境和人口聚集程度，结合艾比湖流域治理工作，依托已建设完成的 7 个污水处理厂，各乡（镇、场）因地制宜采取集中与分散相结合的方式开展农村生活污水处理；纳入城镇污水管网集中处理的村队有 46 个，采取单户或联户建设防渗收集池的村队有 23 个；农村生活污水乱排乱放得到管控的村队占全州行政村的比例为 60%。

（3）大力推进农村"厕所革命"。博州制定了《自治州农村人居环境整治"厕所革命"专项行动方案》《关于进一步规范农村户厕建设相关要求的通知》，科学推进改厕任务，并对卫生厕所的选址、厕屋等进行了规范要求，确定年度新建和改建卫生厕所 23 652 座（其中博乐市 9 743 座、精河县 9 099 座、温泉县 4 810 座）的建设任务。全州累计新建、改建卫生厕所 19 745 座，在建 2 918 座，计划完成率为 83.48%。

（4）不断提升农业生产废弃物资源化利用。博州规模化畜禽养殖场有 162 个，配套建设废弃物处理利用设施的规模化养殖场有 137 个，处理利用设施占比为 75.5%；农作物秸秆还田面积 180 万亩，主要农作物秸秆养分还田率为 52%，秸秆清理面积占比达 100%，秸秆资源化利用率为 85%，农膜回收率为 70%，推广滴灌及水肥一体化面积 216.3 万亩，农作物肥料利用率为 38.5%；全州绿色防控面积占比达 48.5%，专业化防治面积占比超 47.5%。

（5）全面改善村容村貌。博州主动应对村庄空心化趋势，按照集聚提升类、城郊融合类、特色保护类、搬迁撤并类的村庄分类，明确各个村庄的建设重点和方向，持续推进农村庭院整治和危旧房拆除，确保已建安居房的群众全部入住、原有危房全部拆除。完成农村安居工程 9 985 户、棚户区改造 7 472 户、国有农牧场危旧房改造 1 900 户、游牧民定居 408 户，彻底清除村队巷道、河道等公共区域"脏乱差"现象，着力营造清洁有序、健康宜居的生产生活环境。

（6）详细编制村庄规划。依据《中华人民共和国城乡规划法》、《村庄规划编制技术规程（试行）》（XJJ 047—2012），博州先后编制完成乡（镇、场）总体规划和行政村村队建设规划，规划内容和成果符合验收标准，已通过自治区批准实施。

（7）强化管护机制。博州加强各乡（镇、场）的规划建设管理机构，配备人员，完善管理制度。博州住建局结合各乡（镇、场）和村队现状，鼓励乡（镇、场）和村队配备专业化维护队伍，承担农村生活垃圾、厕所粪污、生活污水处理等任务，对相关人员组织开展管护培训。各乡（镇、场）抽调专人成立专项环境整治检查组，与各村党支部书记签订"推进农村环境整治工作责任书"，并逐村、逐巷道对农村环境存在的问题进行检查；定期调用吸污车、船式垃圾车、压缩式垃圾车对垃圾、粪污进行清理。

（二）主要问题

1. 相关机构设置及工作人员不足

一是部分乡（镇、场）、社区（村队）、成员单位没有爱卫工作机构及固定的专职工作人员，爱卫组织和队伍不健全；二是农村公路建设项目实施监管力量短缺，致使项目实施进度、实施质量不能得到有效保障。

2. 群众环境卫生意识不强，分管领导对环境整治工作不够重视

部分村民文化程度不高，对改厕的想法比较保守，不愿多出钱修厕所。

个别乡（镇、场）分管领导对环境卫生整治工作不重视，对博州爱卫办督查整改的问题不落实或者落实不到位，影响环境卫生整治进度。

3．缺乏有效的农村环境卫生整治管理机制

农村人居环境整治工作是一项系统工程，并非进行几次突击整治就能取得成效，必须建立健全长期有效的管理机制。各县（市）、乡（镇、场）要建立各级农村人居环境卫生管理体制，有人管、有人干，夯实责任，确保农村人居环境卫生整治取得成效。

4．环境治理和道路养护资金紧缺

一是乡（镇、场）的环境治理经费无法保证，村队的环境治理资金更难以落实。二是近年来农村道路里程和运输车辆逐年增加，损毁道路的现象较为突出，许多路段出现大面积坑槽、路基下沉、路面龟裂等问题，由于养护资金紧缺，无法及时予以修缮，形成建设投入大、养护投入小的现状。

（三）下一步行动和建议

1．推进农村"厕所革命"

对城乡接合村、水源地附近村队及以农牧家乐、民宿等为重点的乡村旅游村队实现改厕全覆盖，新建的抗震安居房实现室内（院内）卫生厕所全覆盖，在村庄和文化广场、集贸市场、游客中心、便民服务中心等公共活动场所规划建设符合卫生要求的公共厕所。

2．推进农村垃圾治理

乡（镇、场）配置摆臂式垃圾转运车或后装式垃圾压缩车，村庄配置船式垃圾箱。开展非正规垃圾堆放点排查整治工作，重点整治垃圾"围村"、

田间地头、村内巷道、庭院卫生，优先治理农村饮用水水源地周边的生活垃圾，全面消除非正规垃圾堆放点，探索建立垃圾分类示范、减量先行的农村生活垃圾治理模式。

3. 推进农村生活污水整治

将城郊村污水纳入城镇管网，建设连户或以巷道为单位的排污管线，配套化粪池建设，实行"分户改造、集中处理"，在污水处理示范村推行污水处理付费制度。

4. 实施村庄清洁行动，逐步提升村容村貌

开展农户庭院整治，实现"三区"（居住区、种植区、养殖区）分离，消除农村危旧房。提高农村绿化覆盖率，推进农村"四旁"绿化。

5. 推进农业废弃物合理化利用

关停、搬迁不符合要求的畜禽养殖场（户），确保中小规模养殖场的粪污处理设备配套率达到95%以上，加快形成种养结合、农牧循环的可持续发展模式。建立健全畜禽养殖废弃物资源化利用长效机制，优先治理农村饮用水水源地周边的畜禽养殖污染，积极推进化肥、农药零增长行动，切实防控农业面源污染，实现农业生产增"绿"提效。

十、巴音郭楞蒙古自治州农村人居环境整治工作

巴州党委、政府认真贯彻落实国家、自治区农村人居环境工作会议精神，学好用好浙江"千万工程"经验，扎实开展农村人居环境整治各项工作，筑牢实施乡村振兴战略的基础。

（一）突出重点、扎实推进农村人居环境整治工作

1．把规划引领作为统筹农村发展的"先手棋"

巴州结合农村人居环境整治、美丽乡村建设、庭院经济发展，统筹推进乡村振兴战略，召开全州现场会，举办农村人居环境工作培训班，印发《自治州乡村振兴战略五年规划》《坚持农业农村优先发展做好"三农"工作的实施意见》《自治州农村人居环境整治"百村示范、村村整治"工程推进方案》《乡村振兴示范区规划建设四年行动方案》等系列文件，加快推进农村人居环境整治工作。

2．加强村庄规划管理

成立自治州国土空间规划编制工作领导小组，制定《巴州全面开展国土空间规划编制工作方案》和《巴州国土空间总体规划发展大纲》，拨付各县（市）示范村规划的编制经费，50 个示范村规划形成初步方案。尉犁县各乡镇成立了村庄规划编制工作领导小组和工作机构，开展规划编制所需基础资料的收集、准备工作；轮台县 3 个示范村的规划已完成；库尔勒市已完成 17 个村的村庄规划编制工作。

3．推进"厕所革命"

制定《自治州关于推进农村"厕所革命"专项行动实施意见》，累计修建农村卫生户厕 6.83 万座，新改建农村户厕 1.81 万座，农村卫生厕所覆盖率达 44.9%，农村公共厕所达 608 座，实现覆盖各个村庄。根据《新疆维吾尔自治区农村卫生户厕建设技术规程（试行）》，组织专家指导组赴各县（市）开展工作指导，全州改厕以三格化粪池水冲式室内卫生厕所为主，旱厕以双坑交替式和粪尿分离式为主要推广模式。

4．推进农村生活垃圾治理

加快建设垃圾转运站、填埋场等设施，配齐垃圾收集和转运设备。2019 年巴州共有农村生活垃圾处理设施 56 座，新增 21 座，280 个行政村的生活垃圾得到集中收集处理，各村建立保洁队伍、覆盖率达 100%。尉犁县完成 40 个行政村生活垃圾的统一清运，无害化处理率显著提高。轮台县开展生活垃圾治理的行政村有 52 个，完成总任务量的 80%。库尔勒市投资 1 060 万元，购置垃圾箱、垃圾桶、吸污车和垃圾压缩车设施，采取"户集、村收、乡转运、市处理"模式。

5．推进农村生活污水治理

巴州有 98 个行政村的污水得到有效处理，污水处理率为 24.32%。农村生活污水纳入城镇管网总户数 6 839 户、使用集中处理设施 2 961 户、使用分户或联户处理设施 14 250 户，共占农村总户数的 16%左右。尉犁县推进农村生活污水纳入城镇处理管网、独立建设污水处理设施、就地就近收集转运等污水处理工程建设；阿克苏普乡探索实施"农村改厕+生活污水处理"一体化模式，库尔勒市有 15 个行政村的污水得到有效处理，覆盖率为 25.4%。

6．改善村容村貌，推进美丽乡村建设

巴州农村畜禽粪污资源化利用率达 86%，废旧农膜回收利用率达 75%，农作物秸秆综合利用率达 80%，农村人居环境整治内容纳入村规民约覆盖率达 100%，基本建立运行管护机制的村有 226 个，开展探索农户付费机制的村有 87 个。尉犁县通过购买服务方式与第三方保洁公司签订协议，由第三方保洁公司统一管护，大村配备 6～8 名清扫保洁员，小村配备 3～5 名清扫保洁员。轮台县每个乡配备吸污车、垃圾清运车，全县农村配备清扫

保洁员 596 名。

7. 实施"百村示范、村村整治"工程

制定《自治州"百村示范、村村整治"工程 2019—2020 年工作推进方案》，组织农口干部下沉基层助力春耕生产和村庄清洁行动，发动群众投工投劳，清理农村生活垃圾和村沟村塘淤泥、畜禽养殖等农业生产废弃物，实现村庄清洁行动全覆盖。

8. 保障资金投入

巴州在一般债务和专项债务中优先安排 4.5 亿元用于农村人居环境整治项目。其中，各县（市）自筹资金 2.33 亿元；中央农村综合改革转移财政奖补资金 2 500 万元，拨付至 50 个示范村；自治区污水处理项目补助资金 418 万元，分配至 13 个示范村；自治区农村人居环境整治专项资金 3 000 万元，对 5 万户改厕进行补助；自治区现代农业示范补助项目对巴州 100 个农村人居环境整治示范村编制规划给予 70 万元补助；自治州批复农村人居环境整治奖励资金 500 万元。

（二）经验做法与典型案例

（1）若羌县探索开办"绿色积分兑换超市"，村民捡拾垃圾后可以到超市兑换生活用品，增强村民环保意识，推进村庄清洁；同时，采取对卫生责任区"划片包干"、设立监督牌及卫生"红黑榜"等具体举措，引导村民养成文明健康的生活方式和行为习惯。

（2）若羌县率先探索城乡环卫服务市场化改革工作，引进第三方环卫公司，通过购买服务，建立专业化的运维队伍。各乡镇、村在庭院整治中，特设卫生清洁、道路维护等扶贫岗位，运维管护覆盖率达 100%。

（3）且末县采用三格式农村卫生厕所，探索"3+1"改厕+污水处理模式，第三格厕所粪污和第四格生活污水分别处理，厕所粪污发酵后作为有机肥可直接用于浇灌菜园、果园，生活污水采用生物降解法进行处理，其水质达到绿化用水标准后，可用于林带灌溉。

（三）存在的工作问题和困难

1. 思想认识还不到位

个别县（市）更重视农村改厕，但忽视农村污水处理和垃圾治理的同步推进，国有农林牧场农村人居环境整治存在盲点和空白点。

2. 农业面源污染依然严重

庭院畜牧养殖规模小、较为分散，"三区分离"不合理，有的畜禽粪污直接还田达不到国家标准，给环境和作物带来不良影响。

3. 农村基础设施历史欠账较多

农村人居环境整治工作配套资金不足，县（市）财政解决压力较大，贫困户改厕自筹部分存在困难，尤其是农村污水处理设施所需投资大、运行成本高，成为农村人居环境整治工作中难啃的"硬骨头"。

（四）下一步工作计划安排

1. 农村生活垃圾治理

严格执行自治区《农村生活垃圾分类、收运和处理项目建设标准》，建立健全"户集、村收、乡镇转运、县（市）处理"的农村生活垃圾收运处理体系，加快垃圾转运站、填埋场等设施建设，配齐垃圾收集转运设施。

2. 推进农村"厕所革命"

严格落实《新疆维吾尔自治区农村卫生户厕建设技术规程（试行）》，遵循技术规程确定的施工标准和模式，加快推进农村改厕和维护，在完成改厕任务的基础上，逐步推进农户卫生厕所全覆盖。

3. 农村生活污水治理

及时争取国家和自治区专项资金，向"百村示范"工程倾斜，加大污水处理设施、配套管网等工程建设。加强农田水利工程运行管理，及时清理渠道、河塘淤积。

4. 加快推进美丽乡村建设

全面优化农村路网结构，乡村通沥青路和硬化路，确保村内主要道路硬化全覆盖。严格执行国家农村危房改造基本安全技术导则，对农村危房拆除工作开展"回头看"。加强乡村树木管理，科学指导房前屋后、道路旁、渠道旁绿化工作，加强防护林补植补种。

5. 健全长效管护机制

结合各县（市）实际，组建厕所、污水治理、垃圾治理综合运维管护队伍，由其负责清掏、吸污和环境保洁，通过特设岗解决贫困户就业问题。探索建立厕所、垃圾和污水处理付费制度，完善财政补贴和农户付费合理分担机制，逐步建立有制度、有标准、有队伍、有经费、有督查的村庄人居环境管护长效机制。

6. 强化规划引领

结合自治州实施乡村振兴战略规划，因地制宜编制实用性村庄整治规划，确保村民易懂、村委能用、乡镇好管。

十一、阿克苏地区农村人居环境整治工作

阿克苏地区坚持把农村人居环境整治工作作为实施乡村振兴战略的核心任务，认真学习浙江"千万工程"经验，坚持从实际出发，区分轻重缓急，优先改善农牧民基本生活条件，以农村生活垃圾治理、"厕所革命"、生活污水治理、村容村貌提升等为重点，有序推进农村人居环境整治。

（一）基本情况

阿克苏地区 2019 年辖八县一市、85 个乡镇、9 个片区管委会、11 个街道办事处，总人口为 284.85 万人，有 1 233 个行政村、11 个农村社区（农场）、43.02 万农户。

（二）工作进展

1. 健全组织机构，明确工作任务

（1）健全完善组织机构。地、县、乡、村四级逐级成立农村人居环境整治专项工作机构，推行党政"一把手"负总责、分管领导具体抓、乡镇领导干部包村、村干部包组包户的责任制。

（2）明确整治工作重点。制定"厕所革命"、垃圾治理、污水治理、村庄清洁行动等工作推进方案，细化工作任务，压实各方责任。

（3）发挥考核杠杆作用，将农村人居环境整治与乡村振兴战略工作同安排、同部署、同检查，制定《2019 年阿克苏地区农村人居环境整治行动考评奖励办法》，列入地区单项绩效考核指标，作为地委、行署督查督办

的工作。

2. 抓实宣传引领，营造浓厚氛围

（1）广泛宣传引领。充分利用报刊、广播、电视、新媒体等，结合地区开展冬春大培训、万人大宣传、周一升国旗等活动，扎实开展普及宣传教育活动。

（2）培育主体意识。发挥"访惠聚"工作队、共青团、妇联等基层团体组织贴近农村、贴近农民的优势，大力开展"美丽庭院""文明家庭"等群众性评比创建活动，激发群众改善自身生活条件的主动性和积极性。

（3）提升整治能力。采取现场推进会的方式扎实开展整治能力提升工作，举办以"厕所革命"、垃圾治理、污水治理、村容村貌提升为主题的现场推进会。

3. 落实整治任务，改善人居环境

（1）推进农村生活垃圾治理。一是健全完善垃圾转运体系。根据"建得起、用得上、易操作、管长远"的工作要求，推行"户集、村收、乡镇转运、县市处理""户集、村收、乡镇处理""户集、村收、就近处理"等农村生活垃圾收运处置方式。二是开展非正规垃圾堆放点排查整治。全面清理村庄内外、道路两侧、沟渠内积存的建筑垃圾和生活垃圾，彻底清理房前屋后的粪便堆、杂物堆。三是完善农村生活垃圾处理配套设施建设。建设生活垃圾处理设施 258 座，984 个行政村的生活垃圾得到有效处理，占比约 80%。四是积极探索推进垃圾分类，鼓励有条件的村推行适合自身特点的垃圾就地分类和资源化利用方式，试点推行垃圾"五分类五治理"（可腐烂垃圾、建筑垃圾、可燃烧垃圾、可回收垃圾和有毒垃圾）。

（2）推进农村"厕所革命"。一是合理设立户厕类型。坚持宜水则水、

宜旱则旱，主推简单实用、群众易接受、使用效果好的水冲式小型集中污水处理系统、集中处理大三格式、上下水道集中管网式、双坑交替式旱厕四种户厕类型。二是稳步推进公厕建设。以村委会、文化活动中心、巴扎以及人口较集中区域为重点，科学选址，建立公共厕所。三是强化技术支撑。推广《新疆维吾尔自治区农村卫生户厕建设技术规程（试行）》，针对改厕材质、填埋规格、管件安装、防护设备等技术"瓶颈"，研究解决措施，形成《阿克苏地区农村改厕问题清单》和《阿克苏地区农村改厕施工相关技术标准》，邀请来自浙江省和自治区层面的技术专家开展集中指导培训，开展地区级调研指导服务，形成抓有载体、干有标准、检有标尺的局面。

（3）推进农村生活污水治理。一是加大基础设施设备建设力度。对农户家庭产生的"两股水"（洗澡水和洗衣水），以户为单位、与户厕化粪池同步建设处理设施，采取三格式化粪池方式处理，积极建设小型简易防渗污水收集池，配备村级抽污车以定期抽污，集中排放至村级设置的小型氧化塘。二是强化清淤疏浚工作力度。以房前屋后、河塘沟渠等为重点实施清淤疏浚，采取综合措施恢复水生态，逐步消除农村黑臭水体。三是实施水环境保护。将农村水环境治理纳入河长制、湖长制、渠长制管理，对破坏、侵占河（湖）岸基线和非法取水、污染河湖的行为严肃查处。

（4）加强村庄规划建设。一是科学编制规划。结合农村人居环境整治三年行动，在评估现有村庄规划的基础上，以村庄发展定位、主导产业选择、用地布局、人居环境整治、生态保护为主要内容，推进实用性村庄规划编制和实施。二是充分发挥村民主体作用。由乡镇党委、政府，县（市）政府有关部门，规划设计单位及村民代表共同组成村庄规划编制工作组，深入开展驻村调研、逐户走访，详细了解村庄发展历史脉络、文化背景和人文风情，充分听取村民诉求，获取村民支持，确保规划易懂能用好管、符合村民意愿。

（5）实施村庄清洁行动。加快推进"三清一改"，开展形式多样的村庄清洁行动，引导群众提高清洁卫生意识。结合周一升国旗、夜校等多种方式，充分发挥工会、共青团、妇联等群团组织及"访惠聚"驻村工作队作用，以"美丽庭院""卫生家庭"等群众性评比创建活动为载体，积极发动群众参与。实行县级领导包乡、乡镇领导包村、村级领导包户的责任机制，建立健全有制度、有标准、有队伍、有经费、有督查的村庄人居环境管护长效机制。

（6）强化资金保障。全地区累计投入农村人居环境整治资金 3.63 亿元[中央 6 817 万元，自治区 6 120 万元，地区资金 1 466 万元，县（市）投入 15 079 万元，社会投入 6 849 万元]；其中，8 400 万元用于支持"厕所革命"，4 600 万元用于支持农村生活垃圾治理，6 230 万元用于支持农村生活污水治理，8 770 万元用于支持村容村貌提升建设。

（三）存在的主要问题

1. 发动群众任重道远

有群众认为"农村环境就是这个样"，在改善自身居住环境的认识和行动上主动性、积极性不够，乱排乱倒粪污、乱堆乱丢垃圾、乱停乱放农机具等现象仍然存在，秸秆焚烧、农膜滞留耕地等影响生态环境的问题并未从根本上得到解决。

2. 整治资金筹措难度大

阿克苏地区大多数县（市）经济基础薄、财源不足，属于典型的资源匮乏县（市）。乌什县、柯坪县是国家深度贫困县，村庄建设历史欠账多、集体经济实力弱、群众自我发展能力有待加强，制约了农村人居环境整治资金的稳定投入。

3. 干部能力素质有待提升

农村人居环境整治工作中众多事项涉及较强的专业技术性，如厕所粪污治理、生活污水治理、生活垃圾治理和村庄规划编制等，而村干部普遍只有初中及以下的文化程度，推进相关工作的能力较弱；农村保洁员配备少、工资低，队伍参差不齐，有的村未能充分考虑人员能否胜任职责，有的村对保洁队伍疏于管理、缺乏监督。

4. 缺乏人才和技术支撑

一是改厕工程中缺少统一设计、统一招标、统一施工，多由村民自行建设，加之改厕负责人、施工人员经常对改厕标准要求一知半解，技术指导和质量监管不到位，工程质量难以得到有效保障，存在建设标准低、施工不规范等现象。二是部分安居富民房虽建有室内卫生间，但未同步建设下水管网或化粪池，导致相当数量安居富民房的卫生间仅作为浴室、储物间或闲置。三是农村污水收集、排放的基础设施建设薄弱，污水治理工作滞后，亟须加大村级污水处理基础设施建设力度。

（四）政策建议

1. 加大财政支持力度

近年来，中央、自治区和阿克苏地区已不断加大农村人居环境整治工作的财政投入力度，但此项工作点多面广，落实到具体乡村的资金仍然十分有限。结合阿克苏地区发展水平和实际情况，建议自治区针对南疆地区加大财政扶持政策的倾斜力度，缓解基层资金不足的"瓶颈"。

2. 加大人力资源扶持

建议自治区重点针对县、乡两级工作人员，举办专门培训班，提升县、乡两级人员业务能力水平。以乡镇为单位，组织若干村民代表外出实地观摩，通过现场看、现场听、现场学，提升村民建设家园、改善自身居住环境的责任意识。

3. 加强技术支撑

建议自治区针对南疆地区加大技术人才、技术设备、技术手段的帮扶力度，尤其是在农村改厕、农村生活污水处理方面给予支援，强化对相关工作的技术指导。

十二、克孜勒苏柯尔克孜自治州农村人居环境整治工作

克州认真贯彻落实党中央、国务院和自治区党委、政府关于开展农村人居环境整治工作的有关精神和要求，以建设美丽宜居村庄为目标，以农村"厕所革命"、农村生活垃圾和污水治理、村容村貌提升为重点，逐渐改善农村人居环境，满足人民群众日益增长的美好生活需要。

（一）工作开展情况

1. 组织管理

克州成立了州、县、乡、村四级农村人居环境整治工作领导小组，制定了《自治州农村人居环境整治三年行动实施方案》《2018—2019年自治州改善农村人居环境工作要点》，进一步明确职责分工、压实责任、抓好落实，

各县（市）、州直相关部门按照职责分工，强化协同推进和分类指导，做好项目落地、资金使用、推进实施等工作；将农村人居环境整治工作纳入各县（市）、州直相关部门实绩考核中，形成了城乡互动、上下联动、干群齐抓共管的农村人居环境整治工作氛围。

2. 资金投入

为更好地促进农村人居环境改善、提升环境整治实效，克州争取整合农村人居环境整治各方面资金 36 898.7 万元，其中农村环境连片整治示范资金 454.9 万元、农村道路建设资金 25 718.8 万元、土地整治专项资金 3 725 万元、农村饮水安全巩固提升工程建设资金 7 000 万元。

3. 工作成效

（1）农村垃圾治理方面：严格执行自治区《农村生活垃圾分类、收运和处理项目建设标准》、《自治州农村生活垃圾处理设施建设规划（2015—2020 年）》，建立健全"户集、村收、乡（镇）转运、县（市）处理""户集、村收、乡（镇）处理""户集、村收、就近处理""适当集中、区域共享"等形式多样、符合本地实际的农村生活垃圾收运处置体系，基本实现了乡村主干道道路干净、整洁，农村生活垃圾处理体系全覆盖，基本达到乡镇有垃圾转运点、县（市）有垃圾填埋场。

（2）"厕所革命"情况：严格按照《新疆维吾尔自治区农村卫生户厕建设技术规程（试行）》规定，坚持因地制宜、集中连片、整村推进、稳步提升，同时加大对群众的健康教育力度，引导群众积极使用卫生厕所。2019 年克州农村总户数为 121 797 户（户籍人口数为 494 375 人，常住人口数为 459 855 人），有卫生厕所的为 49 804 户、占 40.89%，有非卫生厕所的为 59 357 户、占 48.73%，无厕所的为 12 636 户、占 10.37%；公厕有 345 个。

（3）农村生活污水治理：加快推进城乡一体化污水治理体系建设，与城中村、城郊村以及距离城镇、园区、边境口岸市政排水管网较近的乡镇和村庄实现共建共享污水收集处理设施。克州有 56 个行政村建有农村污水处理设施，占行政村总数的 22.49%。采取人口居住集中和城郊村以及距离城镇较近村庄纳入城镇污水处理管网收集处理模式，对 23 个乡镇的 56 个村实施集中连片污水处理设施建设，受益群众有 12 518 户。

（4）改善村容村貌：大力开展农村人居环境集中整治活动，清理乱搭乱建、乱堆乱放，做好"五清"（清垃圾、清杂物、清残墙断壁、清庭院、清屋内），"脏乱差"问题得到了初步解决。印发实施《克州非正规垃圾堆放点整治工作方案》（克建城字〔2018〕1 号），重点整治"垃圾山""垃圾围路""垃圾围村""垃圾堆渠"等现象，确保农村非正规垃圾堆放点得到有效治理。严格执行《全面做好自治区农村危房拆除工作的指导意见》，认真开展危旧房拆除清理清查工作，累计整治改造农牧民房屋 1 152 户，拆除后新建 2 360 户羊圈。

（5）村庄规划管理：克州已完成 37 个乡镇总体规划、224 个行政村建设规划，其中阿图什市完成 62 个村庄规划，乌恰县完成 34 个村庄规划，实现了城乡规划全覆盖，初步建立了衔接配套的规划体系，引导农村人居环境整治工作规范开展。

（6）完善建设和管护机制：推动农村生活垃圾处理、厕所粪污处理、生活污水处理等开展专业化维护、规范化管理、精细化服务，将社会帮扶等各类资金纳入年度涉农资金统筹使用方案，支持农村人居环境设施运行管护。鼓励开展农村设施产权交易，通过拍卖、租赁、承包、股份合作、委托经营等方式，将一定期限内的管护权、收益权划归社会投资者。

（二）存在的问题

1．乡镇垃圾处理设施设备短缺且运行困难

乡镇财政资金紧张，地方财政资金不足，难以有效保障垃圾清运车辆、垃圾桶、人员、运行等相关费用。生活垃圾处理运行管理不够规范，大部分乡镇缺乏装载机、碾压机等相关设施设备，导致清运垃圾当天覆土、碾压不及时，未做到一日一清。

2．污水处理、"厕所革命"推进困难

受资金、基础设施等因素制约，全州各行政村基本未建设排水管网，农牧民日常如厕基本使用旱厕，开展污水治理、"厕所革命"工作难度较大。项目建成后的日常运行措施、管理制度、管护主体不够明确，运行维护费用无法保障，环保设施难以正常运行。

3．长效管理机制不健全

农村人居环境整治中的各项工作都需要投入大量资金，地方财政困难，投入资金有限，环境整治工作推进难度大。农村环卫设备管理和保护未达到要求，各项规章制度不够完善，部门之间相互配合、设施运行管理等方面还需加强。

4．群众文明卫生意识有待提高

尚未充分调动群众参与农村人居环境整治各项工作的主动性和积极性。

（三）意见建议

1．在资金上给予更多支持

农村"厕所革命"需要实打实投入，需要国家和自治区给予必要的资

金支持。自治区采用以奖代补方式支持农村"厕所革命"整村推进，以行政村为单位进行奖补，但村中若有个别农户没有改厕，整村就难以及时拿到奖补资金，建议改为以户为单元进行奖补，让改厕的农户得到应有的奖励，真正惠及村民。

2. 改厕标准还需进一步明确

自治区主推"三防两有"（防渗、防蝇、防臭，有遮挡、有照明）卫生旱厕，防蝇、防臭和有遮挡、有照明较好落实，但如何防渗缺乏相应的规范和标准，南疆地区气候干旱、蒸发量大，厕所防渗是否需要，还应进一步明确。

3. 健全垃圾治理体系

坚持因地制宜、分类指导、整体推进的原则，加强农村环卫设施硬件建设，在行政村建设垃圾集中收集点、简易填埋场。各行政村按居住人口配置保洁人员，建档建册，对村庄公共区域日常保洁做到"定人、定时、定岗、定责、定标、定酬"。

十三、喀什地区农村人居环境整治工作

喀什地区地委、行署高度重视农村人居环境整治工作，认真贯彻落实国家和自治区有关会议精神，在农村深入开展"三新"活动（倡导新风尚、树立新气象、建立新秩序），统筹推进农村"厕所革命"、农村生活污水和垃圾治理、农村庭院改造等重点任务，农村人居环境整治工作取得明显成效。

（一）农村人居环境整治工作进展

1．农村"厕所革命"

喀什地区多措并举、积极推进农村"厕所革命"。喀什地区改厕三年任务为 56.4 万户，按照 1 000 元/户的标准补助 5.64 亿元资金，2019 年已完成改厕 50.43 万户，其中水冲式厕所 32.99 万户、卫生旱厕 17.44 万户，达到"三防两有"标准。一是坚持高位推动。制定印发《喀什地区农村改厕工作实施方案》等文件，明确工作任务、技术要求、资金来源，通过视频会议、现场观摩、专题培训、日常指导交流通报等方式推进"厕所革命"。二是加强指导服务。喀什地区相关部门重点加强改厕施工图的设计、技术规范的指导等工作，先后设计发放水厕、旱厕改厕参考模板，对改厕做了基本要求，规定单户化粪池容量必须在 2 立方米以上，农村改厕实行单户用化粪池 700 元/立方米、多户 650 元/立方米的最高指导价。三是加强同步协调。灵活掌握改厕形式，宜水则水、宜旱则旱、宜分户则分户、宜集中则集中，不搞"一刀切"，确保农户用得起、用得好。四是强化资金保障。按照政府补助与群众自筹相结合的原则，多方筹集改厕资金。鼓励农户以自备砖、砂石、水泥建筑材料或以出工等形式参与改厕。

2．农村生活垃圾治理

喀什地区成立了农村生活垃圾专项治理工作领导小组，编制《喀什地区村镇生活垃圾处理设施建设规划（2015—2020 年）》，制订《2019 年喀什地区农村生活垃圾治理工作实施计划》，建立多部门联合工作制度，对涉农资金实行综合捆绑使用，通过与美丽乡村建设、安居富民工程以及农村环境综合整治等工程项目有机结合，全面推进地区农村生活垃圾治理工作。各县（市）按照"户收集、村集中、乡（镇）转运、县市（乡镇）处理"的农村生活垃圾治理模式，配备了保洁员、驾驶员，实施日常保洁工作，完成 60%乡镇和行政村生活垃圾的治理任务，在 169 个乡镇、2 481 个行政村投入资金 5.75 亿元，配备垃圾船 3 875 只、清运车辆 2 739 辆、保洁员 7 450 名。

3. 农村生活污水治理

根据村庄的地理位置和人口密度，因地制宜采取集中与分散相结合的方式推进农村生活污水治理。城镇周边村庄的生活污水纳入城镇污水处理管网；对距离城镇较远、人口居住集中的村庄，采取统一新建污水处理设施（化粪池）及配套管网的方式；对地形条件复杂、居住相对分散的村庄，分区域采取灵活方式建设化粪池等污水处理设施。喀什地区已有 23 个乡镇的污水纳入城市（县城）生活污水处理管网收集处理；13 个村庄的污水纳入县（市）、乡镇生活污水处理管网收集处理，134 个村庄利用自有污水处理设施收集处理。

4. 村容村貌提升

制定《喀什地区村容村貌整治工作整改方案》，以农村危旧房改造（农村安居富民工程建设）、美丽乡村建设等为抓手，推进村容村貌整治工作。积极开展农村危旧房拆除工作，喀什地区已完成 127 573 户农村安居房建设任务，农户的住房安全得到保障，农民生活卫生条件逐步改善，大部分村庄面貌焕然一新，农村人居环境得到初步改善。

5. 村庄规划编制和执行

按照喀什地委扩大会议、喀什地区住房和城乡建设工作会议精神，喀什地区住建部门对县市城乡规划的编制工作进行了部署，已经按城乡规划编制程序完成了 2 181 个村庄建设规划的编制工作，并依法进行了审批。

（二）存在的问题和不足

1. 资金投入不足

喀什地区 12 个县（市）中 11 个县（市）为深度贫困县，财政自给率低，本级财政缺乏推动农村人居环境整治工作的专项资金，加上农村生活垃圾产生量相对较少，农村环卫项目总体规模小、效益差、对社会和民间资本缺乏吸引力，社会资本融资难度大。

2. 相关产品和施工质量需加强

例如改厕推广使用的主要是玻璃钢式化粪池，其次是 PE 等其他材料的化粪池。一些厂家为抢占市场，在材料、容量、质量、安装上降低标准，不按要求提供 2 立方米及以上容量、内径不小于 90 厘米的化粪池，在安装方面化粪池隔板安装不到位，致使化粪池无法发挥节省人力、沉淀发酵的作用。改厕任务量大、施工时间紧，县乡职能部门力量弱，对改厕产品和施工质量的监督指导不到位。

3. 后期运行维护机制还未建立健全

农村旱厕的粪便并未实现收集并无害化处理、循环利用，垃圾无害化基础设施、设备配套不到位；缺乏专职管理人员和清洁人员，清洁工作多依靠突击打扫，难以满足日常保洁要求；农村生活污水和垃圾治理设备设施的维修、保养和更换不及时，直接影响设备设施的正常运行和治理效果。

4．村庄规划执行落实工作不严格、工作程序不规范

大部分县（市）没有严格执行落实村庄规划，没有遵循村庄房屋建设原则，农户随意随处建房，村庄村容村貌秩序混乱。乡镇一级没有专门的规划建设管理机构，仅由国土部门土地所管理，村庄规划未落实到户，城乡规划管理人员严重不足，能力和水平亟待提高。

5．群众主动性、积极性有待激发

群众参与农村人居环境整治工作的主动性、积极性有待激发，群众环保意识较为淡薄，到处扔垃圾的现象仍存在。

（三）下一步工作计划和建议

深入学习浙江"千万工程"经验，按照"因地制宜、分类指导、规划先行、完善机制、统筹协调"的原则，遵循"有序推进、整体提升、建管并重、长效运行"的要求，抓示范引领、以点串线、连线成片，推动农村人居环境整治点上有示范、面上有提升。

1．推进农村生活垃圾治理

编制县（市）、乡镇农村生活垃圾治理实施方案，科学确定工作目标、年度计划和完成时限等具体要求。积极争取国家、自治区农村环境综合整治、小城镇基础设施建设等项目。根据《农村生活垃圾分类、收运和处理项目建设标准》，加快垃圾转运站、填埋场等设施建设，配齐乡村垃圾收集、转运设施和村庄保洁队伍，健全运行管理机制，提高农村生活垃圾分类收集转运、分类处理能力。

2．推进农村"厕所革命"

制定农村改厕模板标准，推广简单实用、成本适中、群众接受的农村

旱厕改造模式，强化县、乡、村三级对改厕施工过程、产品质量的全程监督。采取以奖代补方式，鼓励引导群众将旱厕改造为水冲式卫生厕所。加快农村公共卫生厕所、旅游公厕建设，实行定位和信息发布，建立建、管、用并重的长效机制，全覆盖推进农村"厕所革命"。

3. 加强农村生活污水治理

优先治理农村饮用水水源地周边的生活污水、生活垃圾、畜禽养殖和农业面源污染，保护农村饮用水水源环境。用好扶持项目资金，加大污水处理设施、配套管网等工程建设，提升农村生活污水处理基础设施水平。

4. 强化村庄清洁整治

以提升村容村貌为重点，着力整治村庄环境"脏乱差"问题，实现村容村貌整治全覆盖。重点清理农村生活垃圾，村内沟渠、河塘、林带、道路等区域的杂物垃圾，清理畜禽养殖粪污、秸秆等农业生产废弃物，推进畜禽粪污、秸秆、农膜等农业废弃物资源化利用，改变影响农村人居环境的不良生产生活习惯。

5. 加强村庄规划管理

按照"多规合一"要求，合理确定乡村建设规划目标，因地制宜编制县域乡村布局规划、实用性村庄建设规划，对村庄整治、重要基础设施建设、公共服务设施建设、建设风貌等作出具体安排，实现村庄规划管理全覆盖。依法加强乡镇人民政府乡村规划建设管理职责，健全乡村规划管理机构，科学指导村庄建设项目实施，加大村庄规划的宣传力度，让群众理解规划、支持规划、维护规划。

政策建议如下：

一是建议加大财政投入力度。农村人居环境整治工作量大、面广、资金缺口大，建议中央、自治区加大资金支持力度，统筹整合相关渠道资金，给予喀什地区政策和项目资金倾斜，合理保障喀什地区农村人居环境整治的基础设施建设和运行资金。

二是建议加强对喀什地区农村人居环境整治工作队伍建设的支持。从机构和人员等方面给予指导，加强农村人居环境整治工作相关技术人员培训，做好队伍保障。

十四、和田地区农村人居环境整治工作

在自治区党委、政府的坚强领导下，和田地区牢固树立新发展理念，学习借鉴浙江"千万工程"的经验做法，贯彻落实中央、自治区关于推进农村人居环境整治工作的会议精神，围绕农村生活垃圾治理、厕所粪污治理、农村生活污水治理、提升村容村貌、加强村庄规划管理、完善建设和管护机制等六项重点任务，按照"因地制宜、分类指导、规划先行、完善机制、突出重点、统筹协调"的指导方针，遵循"有序推进、整体提升、建管并重、长效运行"的要求，一手抓"百村示范"、一手抓"千村整治"，全面改善农村人居环境。

（一）基本情况

1. 基本信息

2019 年和田地区下辖 7 县 1 市、91 个乡镇（街道），共有 1 576 个村（社区），总人口 253 万人，其中农村人口 198 万人。

2．组织管理

（1）组织领导：一是成立了以和田地区行署主要领导为组长的农村人居环境整治领导小组，下设办公室在和田地区农业局，由地委分管领导担任办公室主任，地区农业局、住建局、卫计委、环保局主要负责同志担任办公室副主任，明确各成员按照职能分工，积极整合政策、资金及项目。制定并印发了《和田地区农村人居环境整治三年行动实施方案》，进一步明确推进农村人居环境整治的总体要求、重点工作任务及相关保障措施等。二是明确职责分工，强化主体责任。地区层面加强对各县（市）农村人居环境整治工作的指导和服务工作，确保任务落实。县（市）层面在摸清底数、总结经验的基础上，编制县级农村人居环境整治工作行动计划，深入开展试点示范，总结符合当地实际的农村人居环境整治技术、方法，以及能复制、易推广的建设和运行管护机制。乡镇层面认真学习农村人居环境整治工作经验做法和亮点，编制村庄建设发展规划，统筹村庄建设、生态保护、经济发展、公共服务的总体需求，科学区分生产、生活、生态区域，基础设施和公共服务设施与村庄功能布局相配套。三是加强考核验收，将农村人居环境整治工作纳入各级党委和政府目标责任考核范围，作为县（市）、乡镇政绩考核重要内容。逐步完善农村人居环境整治工作监督、考核、奖惩机制，组织领导小组各成员单位每年定期对各县（市）农村人居环境整治工作开展情况进行督导评估和考核验收。

（2）工作推进：一是制定《和田地区扎实推进农村人居环境整治"百村示范、千村整治、万户带动"工作方案》和《2019 年和田地区实施乡村振兴战略（农村人居环境整治）实绩考核实施细则》。二是及时研究部署农村人居环境整治工作，召开农村人居环境整治工作动员会、安排部署会和工作推进会，对农村人居环境整治工作进行安排部署。三是组织开展业务培训工作，由地委农办牵头，组织农村人居环境整治工作成员单位业务骨干学习浙江"千万工程"经验、培训人居环境整治工作业务，并建立和田地区农村人居环境整治工作档案。

3. 资金投入

和田地区年度投入财政资金 2 671.1 万元用于农村人居环境整治项目，其中中央层面的资金 1 473.4 万元，自治区层面的资金 347.7 万元，自治区环保厅"访惠聚"村级惠民生项目资金 850 万元。

4. 整治工作成效

（1）农村生活垃圾治理：根据"建得起、用得上、易操作、管长远"的工作要求，按照《和田地区农村生活垃圾处理设施建设规划（2015—2020 年）》，实行"户集、村收、乡镇运、县市处理"的模式，建设村庄垃圾收集点，垃圾由乡定期运至城市垃圾填埋场处理，全面推进农村生活垃圾分类、减量和资源化利用。和田地区共完成 38 个乡镇、557 个行政村的生活垃圾治理工作，分别占乡镇总数（城关镇除外）的 44%和行政村总数的 40%。

（2）农村生活污水治理：和田地区结合安居富民工程建设，将改厕改浴统筹起来实施农村生活污水治理。城镇周边村庄生活污水纳入城镇污水处理管网收集处理；对距离城镇较远、人口居住集中的村庄，采取统一新建污水处理设施及配套管网的方式收集处理；对地形条件复杂、居住相对分散的村庄，分区域采取大集中、小集中与分散相结合的灵活方式，建设污水处理设施、进行收集处理。已有 89 个村的生活污水就近纳入城镇污水处理管网收集处理。

（3）农村厕所改造情况：一是以庭院改造为抓手全面推进改厕工作，和田地区计划改厕任务为 494 767 户，实际完成 395 612 户，未完成 99 155 户，农村改厕率接近 80%。二是加快推进卫生厕所改造工作，采取三格式、双瓮式等模式改厕 83 558 户，占实际完成户数的 21.12%。三是开展粪污资源化利用工作。建设标准化养殖场 27 个，配套完善新建及改扩建畜禽标准化规模养殖场（小区）粪污处理设施。

（4）开展村庄清洁行动提升村容村貌情况：加大庭院整治力度，开展"美丽庭院"建设，完成 40.13 万户的庭院改造任务。把安居富民工程建设同乡村振兴战略、农村人居环境整治结合起来，建设农村安居工程 8.47 万套，使群众住房条件明显改善；指导建房农户优化农村庭院结构布局，做到生活区、养殖区、种植区三区分离，提升群众生产生活条件。

（二）主要问题

和田地区的农村人居环境整治工作总体进展顺利，但与中央和自治区的要求相比，还存在不小差距和不少问题。

1. 资源环境条件差，村集体组织能力弱

和田地区人多地少、人均耕地仅 0.8 亩，村集体经济基础薄弱，集体收入主要依靠机动地、林带、果园，经济效益不高、增收渠道狭窄。2019 年和田地区集体年收入 5 万元以下的村占总数的 44%，大多数村主要依靠各级财政维持运转，村基层组织的凝聚力、号召力和战斗力有待加强，推动农村人居环境整治各项工作的能力不足。

2. 农村改厕工作推进难度大

和田地区是国家深度贫困地区，农牧民收入水平低，农村改厕工作如

果以农村自筹资金为主，农民对自己出钱进行卫生厕所改造的积极性不高。此外，和田地区农村自来水水压低，即使安装了抽水马桶或蹲坑便池，也因经常停水或冬天水管冻裂等，使室内的卫生厕所正常使用受限。在推进农村改厕工作中，重建轻管、后续运行管理与服务跟不上，缺少储存、运输、资源化利用及后期管护等方面的设备，运转难以保障。

3．农村生活垃圾治理投入不足，长效运营机制尚未建立

农村生活垃圾治理设施建设（配备）投资金额大、周期长、收益低，社会资金参与投资的积极性很低，财政又无资金解决，项目实施困难，只能依靠自治区、国家的项目和资金支撑。农村生活垃圾治理是长期性的工程，点多面广、治理难度大，若没有专业的管理队伍，严重影响农村垃圾治理成效。

4．农村人居环境整治的人员和机制有待加强

各县（市）均缺少规划建设管理人员，规划管理队伍人员流动性大、缺乏专业系统培训，人员素质偏低。农村生活垃圾收集和清运不及时、生活杂物乱堆乱放等现象普遍存在，农村人居环境治理投融资模式和运行管护方式不完善，规模化、专业化、社会化运营机制不健全，村民自主投工投劳的热情和积极性不够。

（三）下一步打算和建议

扎实开展农村人居环境治理，结合安居富民工程建设和村庄规划试点工作，结合生态振兴"六个好"（好村庄、好道路、好林带、好果园、好庭院、好环境），同步推动垃圾、污水处理和环保基础设施建设等工作；加快村庄规划的编制和实施。推进农村安居工程，创建养护样板路和特色街区，

提高乡村硬化覆盖率，提高道路的通村能力和安全水平，创建亮化试点示范村。力争和田地区农村卫生厕所普及率达到45%，厨房改造率达到60%，浴室改造率达到45%，庭院改造达到98%以上。有条件的村庄为垃圾收集点配备垃圾桶、垃圾车、垃圾房等收集设施；乡镇按照标准建设垃圾中转站，配备转运车辆，使90%左右的村庄生活垃圾得到治理。试点村示范带动作用明显增强，庭院"三区分离"全部实现，农村环境卫生水平不断提高，农村基础设施建设持续完善，农村生态环境明显好转，生态宜居美丽乡村扎实推进,让和田地区的群众在农村人居环境整治中享受到更多的获得感、幸福感、安全感。

政策建议如下：

建议自治区层面给予和田地区协调解决农村基础设施配套建设专项资金，积极推进农村居民冬季采暖项目，为农村居民使用室内厕所提供基础。建议自治区将"厕所革命"纳入脱贫攻坚项目中，设立专项资金，给改厕户予以补助，对建档立卡贫困户全额补助，对其他户奖励性补助。建议自治区增设乡镇农村生活垃圾管理人员编制，加强现有人员的技术培训力度，提高各级工作人员的专业技能。

附录

农村人居环境整治工作相关文件

附录一　《农村人居环境整治三年行动方案》[①]

改善农村人居环境，建设美丽宜居乡村，是实施乡村振兴战略的一项重要任务，事关全面建成小康社会，事关广大农民根本福祉，事关农村社会文明和谐。近年来，各地区各部门认真贯彻党中央、国务院决策部署，把改善农村人居环境作为社会主义新农村建设的重要内容，大力推进农村基础设施建设和城乡基本公共服务均等化，农村人居环境建设取得显著成

[①] 来源：中央人民政府网站。参见《中共中央办公厅　国务院办公厅关于印发〈农村人居环境整治三年行动方案〉的通知》（中办发〔2018〕5号），2018年2月5日。

效。同时，我国农村人居环境状况很不平衡，脏乱差问题在一些地区还比较突出，与全面建成小康社会要求和农民群众期盼还有较大差距，仍然是经济社会发展的突出短板。为加快推进农村人居环境整治，进一步提升农村人居环境水平，制定本方案。

一、总体要求

（一）指导思想。全面贯彻党的十九大精神，以习近平新时代中国特色社会主义思想为指导，紧紧围绕统筹推进"五位一体"总体布局和协调推进"四个全面"战略布局，牢固树立和贯彻落实新发展理念，实施乡村振兴战略，坚持农业农村优先发展，坚持绿水青山就是金山银山，顺应广大农民过上美好生活的期待，统筹城乡发展，统筹生产生活生态，以建设美丽宜居村庄为导向，以农村垃圾、污水治理和村容村貌提升为主攻方向，动员各方力量，整合各种资源，强化各项举措，加快补齐农村人居环境突出短板，为如期实现全面建成小康社会目标打下坚实基础。

（二）基本原则

——因地制宜、分类指导。根据地理、民俗、经济水平和农民期盼，科学确定本地区整治目标任务，既尽力而为又量力而行，集中力量解决突出问题，做到干净整洁有序。有条件的地区可进一步提升人居环境质量，条件不具备的地区可按照实施乡村振兴战略的总体部署持续推进，不搞一刀切。确定实施易地搬迁的村庄、拟调整的空心村等可不列入整治范围。

——示范先行、有序推进。学习借鉴浙江等先行地区经验，坚持先易后难、先点后面，通过试点示范不断探索、不断积累经验，带动整体提升。加强规划引导，合理安排整治任务和建设时序，采用适合本地实际的工作路径和技术模式，防止一哄而上和生搬硬套，杜绝形象工程、政绩工程。

——注重保护、留住乡愁。统筹兼顾农村田园风貌保护和环境整治，注重乡土味道，强化地域文化元素符号，综合提升田水路林村风貌，慎砍树、禁挖山、不填湖、少拆房，保护乡情美景，促进人与自然和谐共生、村庄形态与自然环境相得益彰。

——村民主体、激发动力。尊重村民意愿，根据村民需求合理确定整治优先序和标准。建立政府、村集体、村民等各方共谋、共建、共管、共评、共享机制，动员村民投身美丽家园建设，保障村民决策权、参与权、监督权。发挥村规民约作用，强化村民环境卫生意识，提升村民参与人居环境整治的自觉性、积极性、主动性。

——建管并重、长效运行。坚持先建机制、后建工程，合理确定投融资模式和运行管护方式，推进投融资体制机制和建设管护机制创新，探索规模化、专业化、社会化运营机制，确保各类设施建成并长期稳定运行。

——落实责任、形成合力。强化地方党委和政府责任，明确省负总责、县抓落实，切实加强统筹协调，加大地方投入力度，强化监督考核激励，建立上下联动、部门协作、高效有力的工作推进机制。

（三）行动目标。到 2020 年，实现农村人居环境明显改善，村庄环境基本干净整洁有序，村民环境与健康意识普遍增强。

东部地区、中西部城市近郊区等有基础、有条件的地区，人居环境质量全面提升，基本实现农村生活垃圾处置体系全覆盖，基本完成农村户用厕所无害化改造，厕所粪污基本得到处理或资源化利用，农村生活污水治理率明显提高，村容村貌显著提升，管护长效机制初步建立。

中西部有较好基础、基本具备条件的地区，人居环境质量较大提升，力争实现 90% 左右的村庄生活垃圾得到治理，卫生厕所普及率达到 85% 左右，生活污水乱排乱放得到管控，村内道路通行条件明显改善。

地处偏远、经济欠发达等地区，在优先保障农民基本生活条件基础上，实现人居环境干净整洁的基本要求。

二、重点任务

（一）推进农村生活垃圾治理。统筹考虑生活垃圾和农业生产废弃物利用、处理，建立健全符合农村实际、方式多样的生活垃圾收运处置体系。有条件的地区要推行适合农村特点的垃圾就地分类和资源化利用方式。开展非正规垃圾堆放点排查整治，重点整治垃圾山、垃圾围村、垃圾围坝、工业污染"上山下乡"。

（二）开展厕所粪污治理。合理选择改厕模式，推进厕所革命。东部地区、中西部城市近郊区以及其他环境容量较小地区村庄，加快推进户用卫生厕所建设和改造，同步实施厕所粪污治理。其他地区要按照群众接受、经济适用、维护方便、不污染公共水体的要求，普及不同水平的卫生厕所。引导农村新建住房配套建设无害化卫生厕所，人口规模较大村庄配套建设公共厕所。加强改厕与农村生活污水治理的有效衔接。鼓励各地结合实际，将厕所粪污、畜禽养殖废弃物一并处理并资源化利用。

（三）梯次推进农村生活污水治理。根据农村不同区位条件、村庄人口聚集程度、污水产生规模，因地制宜采用污染治理与资源利用相结合、工程措施与生态措施相结合、集中与分散相结合的建设模式和处理工艺。推动城镇污水管网向周边村庄延伸覆盖。积极推广低成本、低能耗、易维护、高效率的污水处理技术，鼓励采用生态处理工艺。加强生活污水源头减量和尾水回收利用。以房前屋后河塘沟渠为重点实施清淤疏浚，采取综合措施恢复水生态，逐步消除农村黑臭水体。将农村水环境治理纳入河长制、湖长制管理。

（四）提升村容村貌。加快推进通村组道路、入户道路建设，基本解决村内道路泥泞、村民出行不便等问题。充分利用本地资源，因地制宜选择路面材料。整治公共空间和庭院环境，消除私搭乱建、乱堆乱放。大力提升农村建筑风貌，突出乡土特色和地域民族特点。加大传统村落民居和历史文化名村名镇保护力度，弘扬传统农耕文化，提升田园风光品质。推进村庄绿化，充分利用闲置土地组织开展植树造林、湿地恢复等活动，建设绿色生态村庄。完善村庄公共照明设施。深入开展城乡环境卫生整洁行动，推进卫生县城、卫生乡镇等卫生创建工作。

（五）加强村庄规划管理。全面完成县域乡村建设规划编制或修编，与县乡土地利用总体规划、土地整治规划、村土地利用规划、农村社区建设规划等充分衔接，鼓励推行多规合一。推进实用性村庄规划编制实施，做到农房建设有规划管理、行政村有村庄整治安排、生产生活空间合理分离，优化村庄功能布局，实现村庄规划管理基本覆盖。推行政府组织领导、村委会发挥主体作用、技术单位指导的村庄规划编制机制。村庄规划的主要内容应纳入村规民约。加强乡村建设规划许可管理，建立健全违法用地和建设查处机制。

（六）完善建设和管护机制。明确地方党委和政府以及有关部门、运行管理单位责任，基本建立有制度、有标准、有队伍、有经费、有督查的村庄人居环境管护长效机制。鼓励专业化、市场化建设和运行管护，有条件的地区推行城乡垃圾污水处理统一规划、统一建设、统一运行、统一管理。

推行环境治理依效付费制度，健全服务绩效评价考核机制。鼓励有条件的地区探索建立垃圾污水处理农户付费制度，完善财政补贴和农户付费合理分担机制。支持村级组织和农村"工匠"带头人等承接村内环境整治、村内道路、植树造林等小型涉农工程项目。组织开展专业化培训，把当地村民培养成为村内公益性基础设施运行维护的重要力量。简化农村人居环境整治建设项目审批和招投标程序，降低建设成本，确保工程质量。

三、发挥村民主体作用

（一）发挥基层组织作用。发挥好基层党组织核心作用，强化党员意识、标杆意识，带领农民群众推进移风易俗、改进生活方式、提高生活质量。健全村民自治机制，充分运用"一事一议"民主决策机制，完善农村人居环境整治项目公示制度，保障村民权益。鼓励农村集体经济组织通过依法盘活集体经营性建设用地、空闲农房及宅基地等途径，多渠道筹措资金用于农村人居环境整治，营造清洁有序、健康宜居的生产生活环境。

（二）建立完善村规民约。将农村环境卫生、古树名木保护等要求纳入村规民约，通过群众评议等方式褒扬乡村新风，鼓励成立农村环保合作社，深化农民自我教育、自我管理。明确农民维护公共环境责任，庭院内部、房前屋后环境整治由农户自己负责；村内公共空间整治以村民自治组织或村集体经济组织为主，主要由农民投工投劳解决，鼓励农民和村集体经济组织全程参与农村环境整治规划、建设、运营、管理。

（三）提高农村文明健康意识。把培育文明健康生活方式作为培育和践行社会主义核心价值观、开展农村精神文明建设的重要内容。发挥爱国卫生运动委员会等组织作用，鼓励群众讲卫生、树新风、除陋习，摒弃乱扔、乱吐、乱贴等不文明行为。提高群众文明卫生意识，营造和谐、文明的社会新风尚，使优美的生活环境、文明的生活方式成为农民内在自觉要求。

四、强化政策支持

（一）加大政府投入。建立地方为主、中央补助的政府投入体系。地方各级政府要统筹整合相关渠道资金，加大投入力度，合理保障农村人居环境基础设施建设和运行资金。中央财政要加大投入力度。支持地方政府依法合规发行政府债券筹集资金，用于农村人居环境整治。城乡建设用地增减挂钩所获土地增值收益，按相关规定用于支持农业农村发展和改善农民生活条件。村庄整治增加耕地获得的占补平衡指标收益，通过支出预算统筹安排支持当地农村人居环境整治。创新政府支持方式，采取以奖代补、先建后补、以工代赈等多种方式，充分发挥政府投资撬动作用，提高资金使用效率。

（二）加大金融支持力度。通过发放抵押补充贷款等方式，引导国家开发银行、中国农业发展银行等金融机构依法合规提供信贷支持。鼓励中国农业银行、中国邮政储蓄银行等商业银行扩大贷款投放，支持农村人居环境整治。支持收益较好、实行市场化运作的农村基础设施重点项目开展股权和债权融资。积极利用国际金融组织和外国政府贷款建设农村人居环境设施。

（三）调动社会力量积极参与。鼓励各类企业积极参与农村人居环境整治项目。规范推广政府和社会资本合作（PPP）模式，通过特许经营等方式吸引社会资本参与农村垃圾污水处理项目。引导有条件的地区将农村环境基础设施建设与特色产业、休闲农业、乡村旅游等有机结合，实现农村产业融合发展与人居环境改善互促互进。引导相关部门、社会组织、个人通过捐资捐物、结对帮扶等形式，支持农村人居环境设施建设和运行管护。倡导新乡贤文化，以乡情乡愁为纽带吸引和凝聚各方人士支持农村人居环境整治。

（四）强化技术和人才支撑。组织高等学校、科研单位、企业开展农村人居环境整治关键技术、工艺和装备研发。分类分级制定农村生活垃圾污水处理设施建设和运行维护技术指南，编制村容村貌提升技术导则，开展典型设计，优化技术方案。加强农村人居环境项目建设和运行管理人员技术培训，加快培养乡村规划设计、项目建设运行等方面的技术和管理人才。选派规划设计等专业技术人员驻村指导，组织开展企业与县、乡、村对接农村环保实用技术和装备需求。

五、扎实有序推进

（一）编制实施方案。各省（自治区、直辖市）要在摸清底数、总结经验的基础上，抓紧编制或修订省级农村人居环境整治实施方案。省级实施方案要明确本地区目标任务、责任部门、资金筹措方案、农民群众参与机制、考核验收标准和办法等内容。特别是要对照本行动方案提出的目标和六大重点任务，以县（市、区、旗）为单位，从实际出发，对具体目标和重点任务作出规划。扎实开展整治行动前期准备，做好引导群众、建立机制、筹措资金等工作。各省（自治区、直辖市）原则上要在 2018 年 3 月底前完成实施方案编制或修订工作，并报住房城乡建设部、环境保护部、国家发展改革委备核。中央有关部门要加强对实施方案编制工作的指导，并将实施方案中的工作目标、建设任务、体制机制创新等作为督导评估和安排中央投资的重要依据。

（二）开展典型示范。各地区要借鉴浙江"千村示范万村整治"等经验做法，结合本地实践深入开展试点示范，总结并提炼出一系列符合当地实际的环境整治技术、方法，以及能复制、易推广的建设和运行管护机制。中央有关部门要切实加强工作指导，引导各地建设改善农村人居环境示范村，建成一批农村生活垃圾分类和资源化利用示范县（市、区、旗）、农村生活污水治理示范县（市、区、旗），加强经验总结交流，推动整体提升。

（三）稳步推进整治任务。根据典型示范地区整治进展情况，集中推广成熟做法、技术路线和建管模式。中央有关部门要适时开展检查、评估和督导，确保整治工作健康有序推进。在方法技术可行、体制机制完善的基础上，有条件的地区可根据财力和工作实际，扩展治理领域，加快整治进度，提升治理水平。

六、保障措施

（一）加强组织领导。完善中央部署、省负总责、县抓落实的工作推进机制。中央有关部门要根据本方案要求，出台配套支持政策，密切协作配合，形成工作合力。省级党委和政府对本地区农村人居环境整治工作负总责，要明确牵头责任部门、实施主体，提供组织和政策保障，做好监督考核。要强化县级党委和政府主体责任，做好项目落地、资金使用、推进实施等工作，对实施效果负责。市地级党委和政府要做好上下衔接、域内协调和督促检查等工作。乡镇党委和政府要做好具体组织实施工作。各地在推进易地扶贫搬迁、农村危房改造等相关项目时，要将农村人居环境整治统筹考虑、同步推进。

（二）加强考核验收督导。各省（自治区、直辖市）要以本地区实施方案为依据，制定考核验收标准和办法，以县为单位进行检查验收。将农村人居环境整治工作纳入本省（自治区、直辖市）政府目标责任考核范围，作为相关市县干部政绩考核的重要内容。住房城乡建设部要会同有关部门，根据省级实施方案及明确的目标任务，定期组织督导评估，评估结果向党中央、国务院报告，通报省级政府，并以适当形式向社会公布。将农村人居环境作为中央环保督察的重要内容。强化激励机制，评估督察结果要与中央支持政策直接挂钩。

（三）健全治理标准和法治保障。健全农村生活垃圾污水治理技术、施工建设、运行维护等标准规范。各地区要区分排水方式、排放去向等，分类制定农村生活污水治理排放标准。研究推进农村人居环境建设立法工作，明确农村人居环境改善基本要求、政府责任和村民义务。鼓励各地区结合实际，制定农村垃圾治理条例、乡村清洁条例等地方性法规规章和规范性文件。

（四）营造良好氛围。组织开展农村美丽庭院评选、环境卫生光荣榜等活动，增强农民保护人居环境的荣誉感。充分利用报刊、广播、电视等新闻媒体和网络新媒体，广泛宣传推广各地好典型、好经验、好做法，努力营造全社会关心支持农村人居环境整治的良好氛围。

附录二　《自治区农村人居环境整治三年行动实施方案》

为贯彻落实中共中央办公厅、国务院办公厅印发的《农村人居环境整治三年行动方案》精神，结合自治区实际，制定本实施方案。

一、总体要求

（一）指导思想。坚持以习近平新时代中国特色社会主义思想为指导，深入贯彻落实党的十九大和十九届二中、三中全会精神，贯彻落实习近平总书记关于新疆工作的重要讲话和重要指示精神，贯彻落实以习近平同志为核心的党中央治疆方略、特别是社会稳定和长治久安总目标，统筹推进"五位一体"总体布局和协调推进"四个全面"战略布局，牢固树立和贯彻落实新发展理念，实施乡村振兴战略，坚持农业农村优先发展，坚持绿水青山就是金山银山，顺应广大农民过上美好生活的期待，统筹城乡发展，统筹生产生活生态，按照习近平总书记"建设美丽新疆、共圆祖国梦想"的要求，以建设美丽宜居乡村为导向，以农村垃圾、污水治理和村容村貌提升为主攻方向，广泛动员各方力量，整合各种资源，强化完善各项举措，加快补齐农村人居环境突出短板，促进城镇基础设施向农村延伸、基本公共服务向农村覆盖，全面改善农村生产生活生态环境，为建设天蓝地绿水清的美丽新疆，如期实现全面建成小康社会目标打下坚实基础。

（二）基本原则

——因地制宜、分类指导。按照逐步实现城乡配套基础设施、基本公共服务均等化的要求，立足各地经济社会发展实际，充分发挥地方自主性和创造性，科学确定本地区整治具体目标、重点、方法和标准，集中解决突出问题，实现农村人居环境干净整洁有序。有条件的地区可进一步提升人居环境质量，条件不具备的地区可按照自治区实施乡村振兴战略总体部署持续推进，防止生搬硬套和一刀切。确定实施易地搬迁的村庄、拟调整的空心村等可不列入整治范围。

——规划先行、突出特色。更好地发挥规划引领作用，适应实施乡村振兴战略新形势，科学编制完善村庄布局建设规划，统筹兼顾农村田园风貌保护和环境整治，综合提升田水路林村风貌，保护乡情美景，彰显农村特色风貌，建设一批既保持乡村风貌、留得住乡愁，又体现地域文化、产业特色的和谐稳定美丽乡村，促进人与自然和谐共生、村庄形态与自然环境相得益彰。

——量力而行、循序渐进。坚持从实际出发，区分轻重缓急，优先保障和改善基本生活条件，有序推进农村人居环境整治。依据不同村庄人居环境现状，分类确定重点，分步抓好实施，基本生活条件尚未完善的村庄要以水电路气房等基础设施建设为重点，基本生活条件比较完善的村庄要以环境整治为重点，全面提升人居环境质量。坚持缺什么补什么，防止大拆大建、一哄而上，不作表面文章、不搞形式主义。

——村民主体、激发动力。充分尊重村民意愿，保障村民决策权、参与权和监督权，建立政府、村集体、村民等各方共谋、共建、共管、共评、共享机制，动员村民投身美丽家园建设，注重将方便生产生活与促进创业就业增收相结合，挖掘就业岗位，增加农民劳务收入。不得强制或变相摊派、增加农牧民负担。发挥村规民约作用，强化村民环境卫生意识，提升村民参与人居环境整治的自觉性、积极性、主动性。

——建管并重、落实责任。坚持先建机制、后建工程，合理确定投融资模式和运行管护方式，推进投融资体制机制和建设管护机制创新，探索规模化、专业化、社会化运营机制，确保各类设施建成并长期稳定运行。强化地方党委和政府责任，切实加强统筹协调，加大地方投入力度，强化监督考核激励，建立上下联动、部门协作、高效有力的推进机制。

（三）行动目标。力争到 2020 年，实现我区农村人居环境明显改善，村庄环境基本干净整洁有序，村民环境与健康意识普遍增强。

乌鲁木齐市、昌吉州、克拉玛依市等有基础、有条件的地区，人居环境质量全面提升，力争实现 80% 的乡镇、行政村生活垃圾得到治理，农村卫生厕所普及率达到 65% 左右，厕所粪污基本得到处理，农村生活污水治理率和村容村貌明显提升，管护长效机制初步建立。

伊犁州、塔城地区、阿勒泰地区、博州、巴州、哈密市、吐鲁番市等有较好基础、基本具备条件的地区，人居环境质量较大提升，力争实现 70% 左右的乡镇、行政村生活垃圾得到治理，农村卫生厕所普及率达到 55% 左右，生活污水乱排乱放得到管控，村内道路通行条件明显改善。

南疆四地州等地区，在优先保障农牧民基本生活条件基础上，实现人居环境干净整洁的基本要求。

二、重点任务

（一）推进农村生活垃圾治理。按照《自治区农村生活垃圾处理设施建设规划（2015—2020 年）》，每年完成 20% 乡镇、行政村（150 个乡镇、1 700 个行政村）生活垃圾治理任务，严格执行自治区《农村生活垃圾分类、收运和处理项目建设标准》（新建标 005—2017），统筹考虑生活垃圾和农业生产废弃物利用、处理，根据"建得起、用得上、易操作、管长远"的工作要求，建立健全"户集、村收、乡镇转运、县市处理""户集、村收、乡镇处理""户集、村收、就近处理"等形式多样、符合本地实际的农村生活垃圾收运处置体系，鼓励有条件的地区推行适合农村特点的垃圾就地分类和资源化利用方式。推动农业有机废弃物无害化处理和资源化利用。积极探索建立秸秆"收储运"体系及能源化利用模式，解决农村秸秆焚烧问题，促进农村节能减排。依法治理和项目引进相结合，大力推进农田废旧地膜和农药包装物回收利用，减少农村面源污染。开展非正规垃圾堆放点排查整治，重点整治垃圾山、垃圾围村、垃圾堆渠、工业污染"上山下乡"。积极争取国家农村环境综合整治项目资金，安排地方财政专项资金支持，完善农村生活垃圾收集、转运以及处理等配套设施建设，广泛动员村民积极参与，力争到 2020 年全区 70%左右的乡镇、行政村生活垃圾得到治理。（住建厅、环保厅、自治区发改委、财政厅、自治区经信委、自治区卫生计生委、水利厅、农业厅等相关部门负责）

（二）开展厕所粪污治理。合理选择改厕模式，深化农村厕所革命。采取多种行之有效的宣传教育方式，积极引导各族农牧民群众改变生活观念、培养健康卫生习惯，提高新建农村安居房室内卫生厕所使用率。乌鲁木齐市、昌吉州、克拉玛依市要加快推进乡镇、行政村水冲卫生公厕以及农户家庭卫生厕所建设和改造，同步实施厕所粪污治理。伊犁州、塔城地区、阿勒泰地区、博州、巴州、哈密市、吐鲁番市要按照各族农牧民群众接受、经济适用、维护方便、不污染公共水体的工作要求，稳步推进乡镇、行政村水冲式卫生公厕建设进度，普及不同水平的农户家庭卫生厕所，加强农村改厕与农村生活污水治理的有效衔接。南疆四地州以及 22 个深度贫困县新建农村安居房原则上要配套建设无害化卫生厕所，切实保证农村供水和排水相关配套设施建设以及运行达到国家标准，积极引导有条件的农牧民家庭改造现有旱厕，人员较为集中、经济条件达不到的乡镇、行政村，可试点配套建设水冲式公共厕所。合理布局公共厕所，与乡村旅游发展等紧密结合，鼓励在村庄和集镇文化广场、集贸市场、游客中心、便民服务中心等公共活动场所设置符合卫生要求的公共厕所，免费开放乡镇、行政村等已投入使用的公厕。力争到 2020 年全区农村卫生厕所普及率达到 60%。鼓励各地结合实际，将厕所粪污、养殖废弃物一并处理并资源化利用，建立健全畜禽养殖废弃物资源化利用长效机制。因地制宜，采取多种方式，建设畜禽养殖废弃物资源化利用工程，大力开展农家肥积造和沼渣沼液肥的示范推广，加大扶持粪污及秸秆原料收集仓储和预处理系统、厌氧消化系统、沼气利用系统、智能监控系统建设，加快改善农村人居环境。（自治区卫生计生委、住建厅、环保厅、水利厅、农业厅、畜牧厅、自治区旅发委、科技厅等相关部门负责）

（三）逐步实施农村生活污水治理。根据农村地理环境和人口聚集程度，因地制宜采取集中与分散相结合的方式，实施农村生活污水处理。加强农村饮用水水源环境保护，加快推进农村饮用水水源保护区或保护范围划定工作，进一步落实禁养区、限养区规模养殖场的"关停搬迁"工作，优先治理农村饮用水水源地周边的生活污水、生活垃圾、畜禽养殖和农业面源污染。城镇周边村庄生活污水纳入城镇污水处理管网收集处理；距离城镇较远、人口居住集中的村庄，采取统一新建污水处理设施及配套管网的方式收集处理；地形条件复杂、居住相对分散的村庄，分区域采取大集中、小集中与分散相结合的灵活方式，建设污水处理设施进行收集处理。为降低建设成本、减少后期管护工作量，原则上处理方式能集中的不分散，能大集中的不小集中，实现污水处理系统安全、经济、持续、健康运行。积极推广低成本、低能耗、易维护、高效率的污水处理技术。引导村民树立节水意识，加强生活污水源头减量和尾水回收利用，不断提高农村污水处理水平，确保达标排放。以乡村房前屋后干渠、支渠、斗渠、农渠和排碱渠为重点实施清淤疏浚，采取综合措施恢复水生态，逐步消除农村黑臭水体。将农村水环境治理纳入河长制、湖长制管理，对未经批准，破坏、侵占河湖岸基线、非法取水、污染河湖的行为严肃查处。（环保厅、住建厅、自治区发改委、财政厅、农业厅、畜牧厅、水利厅、国土资源厅等相关部门负责）

（四）全面改善村容村貌。加快实施乡村通沥青（水泥）路和硬化路工程，有条件的行政村硬化路通到村民家门口。推进县、乡、村道四、五类危桥改造及农村公路安全生命防护工程建设，深入开展建好、管好、护好、运营好农村公路工作，提升城乡交通运输一体化水平。建设完善村庄道路照明等配套公共设施。开展乡村公共空间和农户庭院环境整治，消除私搭乱建、乱堆乱放，打造"一村一亮点、一村一街（巷）"。全面排查农村危房安全隐患，稳步推进农村危房拆除工作，动员各族农牧民群众主动拆除存在安全隐患的危房，实现"建一幢新房、保一户安全，建一片新房、成一片新村"。加强农房特色风貌管理，确保新建、改扩建以及改造加固农房体现时代风貌、地域特色，与周边自然环境相协调。大力推进农村生态公墓改造，倡导生态文明安葬。加大传统村落民居和历史文化名村名镇、古树名木保护力度，建设一批绿洲文化村庄，提升田园风光品质。推进农村"四旁"（村旁、宅旁、路旁、水旁）绿化，保障绿化用水，提高农村绿化覆盖率。开展乡村绿化美化工程试点和造林专业合作社试点工作，打造绿色生态村庄。加大农田林网化建设力度，逐步加强退化防护林的更新改造和缺行缺带的补植补造工作，完善农田防护林体系建设。开展湿地保护与恢复建设，对国家重要湿地以及生态区位重要的国家湿地公园、省级以上自然保护区周边村（社区）开展生态修复、环境整治。以南疆四地州为重点，鼓励农牧民发展多元化庭院经济，将庭院经济与现代农牧业、休闲旅游、改善居住环境等紧密结合，因地制宜、因户施策，充分利用庭院闲置土地发展小拱棚、特色种植、林果种植、畜禽养殖等庭院经济，美化绿化家园。继续组织开展以农村脏乱差整治为重点的自治区城乡环境卫生整洁行动，利用每年 4 月爱国卫生月集中开展环境卫生整治工作，推进卫生县城、卫生乡镇、卫生村、卫生示范户等创建工作。（住建厅、交通运输厅、自治区发改委、农业厅、水利厅、自治区卫生计生委、林业厅、文化厅、环保厅、畜牧厅、自治区文物局、民政厅、自治区旅发委、新疆电力公司等相关部门负责）

（五）加强村庄规划管理。已编制完成县（市）域乡村建设规划的昌吉州、博乐市、乌苏市、特克斯县、哈密市伊州区要充分发挥带头示范作用，严格按照规划实施；乌鲁木齐市、克拉玛依市等有基础、有条件的地区由所辖县（市、区）政府组织，住建、发改、财政、国土资源、交通运输、环保、水利、农业、林业等部门参与，加紧编制县（市）域乡村建设规划，力争 2019 年编制完成并实施；伊犁州、塔城地区、阿勒泰地区、博州、巴州、哈密市、吐鲁番市等地（州、市）结合自身实际，积极完成县（市）域乡村建设规划编制，与县乡土地利用总体规划、土地整治规划、村土地利用规划、农村社区建设规划等充分衔接，鼓励推行多规合一。合理确定县（市）域乡村建设规划目标，并对乡村体系、用地、重要基础设施和公共服务设施建设、风貌、村庄整治等作出规划和安排。以县（市）域乡村建设规划为指导，在评估现有村庄规划实施的基础上，以农房建设、村庄整治、脱贫攻坚、基础设施提档升级项目为主要内容，推进实用性村庄规划编制（修改）和实施，进一步实现村庄规划管理全覆盖。在符合土地利用总体规划前提下，县（市、区）人民政府要因地制宜编制实施村土地利用规划，调整优化村庄用地布局。推行乡镇政府组织领导、"访惠聚"驻村工作队统筹协调、村委会发挥主体作用、技术单位指导的村庄规划编制机制，并将村庄规划的主要内容纳入村规民约。村庄规划区内进行工程建设，必须依法申请、核发乡村建设规划许可证。县级住建（规划）部门和乡镇人民政府要加强乡村规划管理，依法履责、主动作为，建立健全违法建设的日常巡查制度和群众举报制度，及时制止、查处违法建设，确保村庄规划得到严格实施。（住建厅、国土资源厅等相关部门负责）

（六）完善建设和管护机制。充分发挥地（州、市）党委和政府主体责任，进一步明确县乡村三级改善农村人居环境的职责任务，更好地发挥相关部门职能作用，健全完善乡镇规划建设管理机构和人员，推动农村生活垃圾、厕所粪污、生活污水处理和改善村容村貌等专业化维护、规范化管理、精细化服务，组织开展管护培训，逐步建立有制度、有标准、有队伍、有经费、有督查的村庄人居环境管护长效机制。鼓励专业化、市场化建设和运行管护，有条件的地区推行城乡垃圾污水处理统一规划、统一建设、统一运行、统一管理。鼓励有条件的地区探索建立农村生活垃圾、生活污水处理农户付费制度，形成财政补贴与农户付费合理分担机制。积极探索政府购买服务的有效方式，支持村级组织、农村"工匠"带头人和具备法人资格的农民专业合作组织、社会组织、公益性服务机构等承接村内环境整治、村内道路、植树造林等小型涉农工程项目。充分利用行政村农牧民夜校、县市职业学校以及实训基地等各类培训机构和师资力量，定期组织开展专业化培训，把当地村民培养成为村内公益性基础设施运行维护和公益林管护的重要力量。简化农村人居环境整治建设项目审批和招投标程序，降低建设成本，确保工程质量。（自治区发改委、环保厅、住建厅、财政厅、农业厅、林业厅、人社厅、自治区卫生计生委、交通运输厅等相关部门负责）

三、加大政策支持力度

（一）加大各级财政投入。积极争取中央财政对我区农村人居环境整治的支持。建立自治区财政补助、对口援疆省市援助、地（州、市）和县（市、区）配套、乡镇和行政村自筹的农村人居环境整治资金投入体系。城乡建设用地增减挂钩所获土地增值收益，按相关规定用于支持农业农村发展和改善农民生活条件。村庄整治增加耕地获得的占补平衡指标收益，通过支出预算统筹安排支持当地农村人居环境整治。创新政府支持方式，充分发挥政府投资撬动作用，提高资金使用率。鼓励统筹整合农村环境综合整治、卫生改厕、安全饮水、乡村道路、电网升级改造、供气、排水、土地整理、节水灌溉等项目资金，为全面推进农村人居环境整治行动提供资金保障。

（二）加强金融信贷支持。加强金融政策的引导和宣传，打造差异化金融服务产品体系，引导国开行、农发行、农业银行、邮政储蓄银行、农村信用社等金融机构，根据自身优势依法合规积极介入自治区农村人居环境整治行动相关项目。大力发展农村绿色金融，支持绿色农业、农村"三废"治理以及农业农村循环经济发展。

（三）调动社会力量广泛参与。充分发挥各部门和单位、社会组织、各级"访惠聚"驻村工作队作用，整合各方力量，通过捐款捐物、结对帮扶等形式，全力支持农村人居环境设施建设、运行管护、村容村貌、环境卫生整治等工作。推进农村环境治理市场化运作，支持和吸引社会资本投入人居环境整治工作，鼓励支持各类企业积极参与农村人居环境整治项目建设，规范推广政府和社会资本合作（PPP）模式，通过特许经营等方式吸引社会资本参与农村生活垃圾专项治理和农村垃圾污水处理项目建设、维护、运营。引导有条件的地区将农村环境基础设施建设与特色产业、休闲农业、乡村旅游等有机结合，实现农村产业融合发展与人居环境改善互促互进。

（四）强化技术和人才支撑。组织自治区高等院校、科研院所、设计单位、企业，开展农村人居环境整治关键技术、工艺和装备研发。针对我区不同地域气候环境特点，分类分级制定农村生活垃圾污水处理设施建设以及运行维护标准、技术指南，编制村容村貌提升技术导则等。加强农村人居环境项目建设和运行管理人员技术培训，加快培养县乡两级乡村规划设计、农村人居环境项目建设运行等方面技术和管理人才。积极选派规划设计等专业技术人员驻村指导，组织开展企业与县（市、区）、乡镇、行政村对接农村环保实用技术和相关设施需求。

四、扎实有序推进

（一）编制实施方案。各地（州、市）要在摸清底数、总结经验的基础上，做好与既有工作的衔接，抓紧编制本地农村人居环境整治实施方案，实施方案要明确县（市、区）目标任务、责任部门、资金筹措方案、农牧民群众参与机制等内容。特别是要对照本方案提出的目标和六大重点任务，以县（市、区）为单位，从实际出发，对具体目标和重点任务分区域分年度作出规划。扎实开展整治行动前期准备，做好引导群众、建立机制、筹措资金等工作。各地（州、市）要在 2018 年 5 月底前完成实施方案编制工作，并报自治区改善农村人居环境领导小组办公室备案审核。

（二）开展典型示范。各地（州、市）要借鉴浙江"千村示范、万村整治"等经验做法，结合本地实践深入开展试点示范，总结并提炼出一系列符合当地实际的环境整治技术、方法，以及能复制、易推广的建设和运行管护机制。自治区有关部门要切实加强工作指导，引导各地建设改善农村人居环境示范村，加强经验总结交流，推动整体提升。

（三）分步有序实施。2018 年，各地（州、市）、县（市、区）全面开展本地区农村人居环境专项整治调查摸底工作，总结典型经验，分析存在的问题、提出具体措施。每个地（州、市）推荐 1 至 2 个经济条件成熟、有示范带动作用的县（市、区）开展试点工作，探索符合当地实际的环境整治方法、技术路线，以及能复制、易推广的建管模式。

2019 年，乌鲁木齐市、昌吉州、克拉玛依市、伊犁州、塔城地区、阿勒泰地区、博州、巴州、哈密市、吐鲁番市等地（州、市）要完成农村人居环境整治目标任务的 60%；南疆四地州按照先易后难的原则，稳步启动实施农村人居环境整治相关工作。

2020 年，乌鲁木齐市、昌吉州、克拉玛依市、伊犁州、塔城地区、阿勒泰地区、博州、巴州、哈密市、吐鲁番市等地（州、市）要基本完成农村人居环境整治目标任务；南疆四地州特别是 22 个深度贫困县实现基本生活条件得到保障和人居环境干净整洁的基本要求。

五、强化保障措施

（一）加强组织领导。健全完善自治区负总责、地（州、市）统筹、县（市、区）抓落实、乡镇具体实施的工作推进机制。自治区党委和政府对全区农村人居环境整治工作负总责，成立自治区改善农村人居环境领导小组，领导小组办公室设在自治区住房和城乡建设厅，负责提供组织和政策保障，建立和完善符合我区实际的农村人居环境整治标准体系，做好监督考核。各有关部门按职能分工，发挥部门优势，整合政策、资金、项目，全力支持农村人居环境整治工作，形成推进合力。各地（州、市）党委和政府（行署）要切实负起直接责任，做好上下衔接、域内协调和督促检查等工作。各县（市、区）党委和政府要强化落实主体责任，做好项目落地、资金使用、推进实施等工作，对实施效果负责。各乡镇党委和政府要按照县（市、区）党委和政府确定的工作目标，切实做好具体组织实施工作。各地在推进易地扶贫搬迁、农村安居工程、游牧民定居工程等相关项目时，要将农村人居环境整治统筹考虑、同步推进。

（二）充分发挥农村基层组织的作用。充分发挥各级"访惠聚"驻村工作队、村级党组织核心作用，积极动员农村党员、干部、教师和老干部、老党员、老模范、老军人，广泛开展宣传教育活动，引导各族农牧民群众转变思想观念，增强环境卫生意识，移风易俗改进生活方式，提高生活质量。健全村民自治机制，充分运用"一事一议"民主决策机制，完善农村人居环境整治项目公示制度，保障村民权益。鼓励农村集体经济组织通过依法盘活集体经营性建设用地、宅基地及空闲农房等途径，多渠道筹措资金用于农村人居环境整治，营造清洁有序、健康宜居的生产生活环境。

（三）发挥村民的主体作用。将农村人居环境整治相关要求纳入村规民约，通过群众评议等方式褒扬乡村新风，引导各族农牧民群众改变不良生活习惯，增强自我教育、自我管理、自我约束能力。鼓励支持行政村成立村民理事会、村民环境卫生监督工作组等，定期检查农村人居环境整治工作情况，监督各族农牧民群众自觉担负维护公共环境的责任，积极主动参与庭院内部、房前屋后综合整治。村内公共空间整治以村民自治组织或村集体经济组织为主，鼓励农民和村集体经济组织全程参与农村环境整治规划、建设、运营、管理。提高农村文明健康意识，把培育文明健康生活方式作为培育和践行社会主义核心价值观、开展农村精神文明建设的重要内容。发挥爱国卫生运动委员会等组织作用，加强生活垃圾源头分类等宣传力度，引导群众改水、改厕、改炕，鼓励群众讲卫生、树新风、转观念、除陋习，摒弃乱扔、乱吐、乱贴等不文明行为，提高群众文明卫生意识，营造和谐、文明的社会新风尚，使优美的生活环境、文明的生活方式成为各族农牧民群众内在自觉要求。

（四）严格考核验收。将农村人居环境整治工作纳入各级党委和政府目标责任考核范围，作为县（市、区）、乡镇相关干部政绩考核重要内容。自治区改善农村人居环境工作领导小组办公室要以本实施方案为依据，结合各成员单位职责分工、工作重点等，制定考核验收标准和办法，以县（市、区）为单位进行检查验收。在各县（市、区）党委和政府自查评估以及各地（州、市）党委和政府（行署）督导检查的基础上，由自治区改善农村人居环境工作领导小组办公室牵头，组织领导小组各成员单位每年定期对各地农村人居环境整治工作情况进行督导评估和考核验收，对工作进度快、措施有力、完成任务好的地（州、市）和县（市、区）给予奖励，对工作进度慢、完成任务差的地（州、市）和县（市、区）进行问责，并及时报告自治区党委和政府，以适当形式向社会公布。

（五）营造良好氛围。组织开展农村美丽庭院评选、环境卫生光荣榜等活动，增强农民保护人居环境的荣誉感。充分利用报刊、广播、电视等新闻媒体和网络新媒体，广泛宣传推广各地好典型、好经验、好做法，努力营造全社会关心支持农村人居环境整治的良好氛围。